国家示范（骨干）高职院校重点建设专业
优质核心课程系列教材

网络工程设备配置

主　编　王　可　谭晏松
副主编　童　均　林　勇

中国水利水电出版社
www.waterpub.com.cn

内 容 提 要

本书以项目为背景，介绍了网络集成中常用的技术及实现方案。相对以往以章节为中心的教材，本书重点强调了相关知识技能的行业应用，让读者能在学习的过程中掌握所学知识技能的应用案例。

本书从网络地址规划开始，分别介绍了网络设备的基本操作与维护、交换技术、路由技术及 IP 相关服务。通过本书的学习，读者将掌握中小型企业网络工程案例中相关设备的配置和相关方案设计。

本书既可作为高校信息类专业的教材，也可为致力于参加计算机技术与软件专业技术资格（水平）考试——网络工程师，思科 CCNA，华为 HCNA，锐捷 RCNA 等相关认证考试的读者，以及新入职场的网管人员提供有益的参考和帮助。

图书在版编目（CIP）数据

网络工程设备配置 / 王可，谭晏松主编. -- 北京：中国水利水电出版社，2012.7
 国家示范（骨干）高职院校重点建设专业优质核心课程系列教材
 ISBN 978-7-5084-9901-7

Ⅰ.①网… Ⅱ.①王… ②谭… Ⅲ.①网路设备－配置－高等职业教育－教材 Ⅳ.①TN915.05

中国版本图书馆CIP数据核字(2012)第133631号

策划编辑：寇文杰　　责任编辑：李 炎　　封面设计：李 佳

书　　名	国家示范（骨干）高职院校重点建设专业优质核心课程系列教材 **网络工程设备配置**	
作　　者	主　编　王　可　谭晏松 副主编　童　均　林　勇	
出版发行	中国水利水电出版社 （北京市海淀区玉渊潭南路1号D座　100038） 网址：www.waterpub.com.cn E-mail: mchannel@263.net（万水） 　　　　sales@waterpub.com.cn 电话：（010）68367658（发行部）、82562819（万水）	
经　　售	北京科水图书销售中心（零售） 电话：（010）88383994、63202643、68545874 全国各地新华书店和相关出版物销售网点	
排　　版	北京万水电子信息有限公司	
印　　刷	北京蓝空印刷厂	
规　　格	184mm×260mm　16开本　12印张　313千字	
版　　次	2012年7月第1版　2012年7月第1次印刷	
印　　数	0001—2000册	
定　　价	26.00元	

凡购买我社图书，如有缺页、倒页、脱页的，本社发行部负责调换
版权所有·侵权必究

前　言

信息技术作为先进生产力的代表，如今正在世界范围内推进着人类生产方式、生活方式和经济社会发展格局的深刻变革。

随着我国"十二五"计划的进程向前推进，国内各大运营商、政府机构及企事业单位都在积极稳步推进自身的信息系统建设与升级，同时也带动了系统集成等相关网络行业的快速发展。

工业与信息化部发布的"互联网行业'十二五'发展规划"中明确提出"十二五"期间的发展目标——到"十二五"末期，我国要建成宽带高速、广泛普及、安全可靠、可信可管、绿色健康的网络环境，形成公平竞争、诚信守则、创新活跃的市场环境，实现从应用创新、网络演进到技术突破、产业升级的全面提升。"规划"同时还强调了互联网行业高技术人才的培养和引进对"目标"的实现将起到至关重要的作用，鼓励通过合作办学、定向培养、继续教育等多种方式培养互联网人才，建立和完善产学研用合作的人才培养模式。在此背景下，互联网产业人才需求必将迎来较大的增长。

本书以项目为背景，介绍了网络集成中常用的技术及实现方案。相对以往以章节为中心的教材，本书重点强调了相关知识技能的行业应用。让读者能在学习的过程中掌握所学知识技能的应用案例。全书共设计了 14 个项目。项目一介绍了如何实现园区网地址规划。项目二介绍了网络工程设备的基本操作规范。项目三介绍了网络工程设备密码丢失的应急处理。项目四介绍了网络工程设备提供 IP 服务中的动态地址分配。项目五介绍了网络工程二层网络中常见的 VLAN 设计与实现。项目六介绍了二层网络中的冗余备份技术与负载均衡策略。项目七介绍了小型网络及末梢网络常用的静态路由。项目八介绍了动态路由中距离矢量路由的特点及应用。项目九介绍了中型企业网络中常用的 OSPF 路由特点及应用。项目十介绍了如何使用帧中继解决不同地区企业网络互联问题。项目十一介绍了如何使用 IP 服务中的 ACL 来提高企业网络的安全性。项目十二介绍了 IP 服务中 NAT 来做企业网络到互联网的出口设计。项目十三介绍了如何使用 VRRP 提高企业网络的网关可靠性。项目十四介绍了网络故障排除的基本思想，同时还做了两个网络故障排除的案例来说明故障排除的一般步骤。

本书从网络地址规划开始，分别介绍了网络设备的基本操作与维护、交换技术、路由技术及 IP 相关服务。通过本书的学习，读者将掌握中小型企业网络工程案例中相关设备的配置和相关方案设计。本书既可作为高校信息类专业的教材，也可为致力于参加计算机技术与软件专业技术资格（水平）考试——网络工程师，思科 CCNA，华为 HCNA，锐捷 RCNA 等相关认证考试的读者提供有益的参考和帮助。

本书由王可、谭晏松担任主编，童均、林勇担任副主编。王可编写了项目九至十四，共计 15 万余字，谭晏松编写了项目一、二、五至八，共计 12 万余字，童均编写了项目三，林勇编写了项目四，全书由王可统稿，谭晏松审校。在本书的编写过程中，还得到了计算机系部的关心和支持，以及网络教研室其他老师的意见和建议，在这里表示衷心的感谢。同时，信息类相关专业的老师也对本书的写作给予了极大的支持与帮助，在此一并向他们表示感谢。

在本书编写过程中，作者还参考了大量的相关技术资料，汲取了许多同行的宝贵经验，在此表示感谢。

由于时间仓促及作者水平有限，书中难免有不当和错误之处，恳请广大读者批评指正。

编　者

2012 年 5 月

目 录

前言

项目一 网络地址规划 VLSM ... 1
    案例描述 ... 1
    相关知识 ... 2
    1.1 地址规划与子网划分 ... 2
        1.1.1 地址与通信类型 ... 4
        1.1.2 定长子网计算 ... 7
    1.2 VLSM ... 9
        1.2.1 VLSM 规划 ... 10
        1.2.2 CIDR ... 11
    项目实施 ... 11

项目二 网络设备基本操作 ... 13
    案例描述 ... 13
    相关知识 ... 13
    2.1 设备结构 ... 13
        2.1.1 CPU ... 13
        2.1.2 RAM ... 13
        2.1.3 ROM ... 14
        2.1.4 Flash ... 14
        2.1.5 NVRAM ... 14
        2.1.6 接口 ... 14
    2.2 设备访问方法 ... 15
        2.2.1 超级终端 ... 15
        2.2.2 Telnet ... 16
    2.3 IOS 基础配置 ... 17
        2.3.1 IOS 模式及转换 ... 17
        2.3.2 设备名称配置 ... 20
        2.3.3 设备密码配置 ... 20
        2.3.4 接口配置 ... 21
        2.3.5 登录横幅配置 ... 21
        2.3.6 配置保存 ... 22
    项目实施 ... 22

项目三 密码恢复与文件管理 ... 23
    案例描述 ... 23
    相关知识 ... 23
    3.1 路由器启动 ... 23
        3.1.1 路由器启动顺序 ... 23
        3.1.2 检查路由器启动 ... 24
    3.2 配置寄存器 ... 26
    3.3 密码恢复 ... 26
    3.4 文件管理 ... 27
        3.4.1 IOS 文件管理 ... 27
        3.4.2 配置文件管理 ... 29
    项目实施 ... 31

项目四 DHCP 服务 ... 33
    案例描述 ... 33
    相关知识 ... 34
    4.1 DHCP 基础 ... 34
        4.1.1 DHCP 工作方式 ... 34
        4.1.2 DHCP 工作步骤 ... 34
    4.2 DHCP 基本配置 ... 35
    4.3 DHCP 中继 ... 36
    项目实施 ... 37

项目五 VLAN ... 39
    案例描述 ... 39
    相关知识 ... 40
    5.1 VLAN 基础 ... 40
        5.1.1 VLAN 的优点 ... 41
        5.1.2 VLAN 的实现方式 ... 41
    5.2 VLAN 中继 ... 42
        5.2.1 802.1Q ... 42
        5.2.2 动态中继协议 DTP ... 43
    5.3 VLAN 的基本配置 ... 45
    5.4 VLAN 间通信 ... 45
        5.4.1 传统路由方式实现 VLAN 间通信 ... 45
        5.4.2 单臂路由实现 VLAN 间通信 ... 47
        5.4.3 SVI 实现 VLAN 间通信 ... 48

项目实施 ································· 49
项目六　冗余网络组建 ························ 52
　案例描述 ································· 52
　相关知识 ································· 53
　　6.1　冗余链路 ····························· 53
　　6.2　生成树协议 STP ························· 55
　　　6.2.1　STP 术语 ························· 55
　　　6.2.2　STP 计算过程 ······················· 56
　　　6.2.3　端口状态 ························· 57
　　6.3　MSTP ······························ 58
　　　6.3.1　传统 STP 问题 ······················ 58
　　　6.3.2　MSTP 术语 ······················· 59
　　　6.3.3　MSTP 配置 ······················· 59
　项目实施 ································· 60
项目七　静态路由 ·························· 63
　案例描述 ································· 63
　相关知识 ································· 64
　　7.1　路由基础 ····························· 64
　　　7.1.1　路由器角色 ························ 64
　　　7.1.2　路由分类 ························· 65
　　　7.1.3　管理距离 ························· 68
　　　7.1.4　路由表 ·························· 70
　　　7.1.5　路由原理与查找规则 ···················· 70
　　7.2　静态路由 ····························· 71
　　　7.2.1　带下一跳地址的静态路由 ·················· 71
　　　7.2.2　带送出接口的静态路由 ··················· 73
　　　7.2.3　默认路由 ························· 73
　项目实施 ································· 74
项目八　路由信息协议 RIP ····················· 76
　案例描述 ································· 76
　相关知识 ································· 77
　　8.1　RIP 概述 ····························· 77
　　8.2　RIP 特点 ····························· 78
　　8.3　路由学习方法 ··························· 78
　　8.4　路由环路 ····························· 80
　　8.5　RIP 配置 ····························· 84
　　8.6　RIPv2 ······························ 86
　项目实施 ································· 89
项目九　开放最短路径优先 OSPF ·················· 91

　案例描述 ································· 91
　相关知识 ································· 92
　　9.1　链路状态路由协议 ························ 92
　　9.2　OSPF 特点与术语 ························ 92
　　9.3　OSPF 数据包类型 ························ 94
　　　9.3.1　hello 数据包 ······················· 95
　　　9.3.2　数据库描述包 DBD ···················· 96
　　　9.3.3　链路状态请求包 LSR ··················· 97
　　　9.3.4　链路状态更新包 LSU ··················· 97
　　　9.3.5　链路状态确认包 LSACK ················· 97
　　9.4　OSPF 路由计算过程 ······················ 98
　　9.5　OSPF 区域 ···························· 102
　　9.6　OSPF 网络类型 ························· 104
　　　9.6.1　点到点网络 ························ 104
　　　9.6.2　广播网络 ························· 104
　　　9.6.3　DR 与 BDR ······················· 105
　　9.7　OSPF 配置 ···························· 107
　项目实施 ································· 109
项目十　帧中继 frame-relay ···················· 114
　案例描述 ································· 114
　相关知识 ································· 115
　　10.1　帧中继简介 ··························· 115
　　　10.1.1　虚电路 ·························· 115
　　　10.1.2　帧中继封装 ······················· 116
　　　10.1.3　帧中继拓扑 ······················· 117
　　　10.1.4　帧中继映射 ······················· 118
　　10.2　帧中继本地管理接口 LMI ···················· 119
　　10.3　帧中继子接口 ·························· 119
　　　10.3.1　点到点子接口 ······················ 119
　　　10.3.2　多点子接口 ······················· 120
　　10.4　帧中继配置 ··························· 120
　　　10.4.1　帧中继基本配置 ····················· 120
　　　10.4.2　配置静态帧中继映射 ··················· 120
　　　10.4.3　配置帧中继子接口 ···················· 120
　　　10.4.4　检验帧中继接口 ····················· 121
　项目实施 ································· 121
项目十一　基本网络安全 ACL 服务 ················· 126
　案例描述 ································· 126
　相关知识 ································· 127

11.1 ACL 简介 ·············· 127
　11.1.1 什么是 ACL ·············· 127
　11.1.2 ACL 工作原理 ·············· 127
　11.1.3 ACL 分类 ·············· 131
11.2 通配符掩码 ·············· 131
11.3 ACL 配置 ·············· 133
　11.3.1 标准 IP ACL 配置 ·············· 133
　11.3.2 扩展 IP ACL 配置 ·············· 135
　11.3.3 检查 IP ACL ·············· 137
项目实施 ·············· 137

项目十二　NAT 服务 ·············· 144
案例描述 ·············· 144
相关知识 ·············· 145
12.1 NAT 简介 ·············· 145
　12.1.1 私有地址与公有地址 ·············· 145
　12.1.2 NAT 术语 ·············· 145
12.2 NAT 工作原理 ·············· 146
12.3 NAT 优点与缺点 ·············· 147
12.4 NAT 工作方式 ·············· 148
　12.4.1 静态 NAT ·············· 148
　12.4.2 动态 NAT ·············· 148
　12.4.3 PAT ·············· 148
12.5 NAT 配置 ·············· 149
　12.5.1 静态 NAT 配置 ·············· 149
　12.5.2 动态 NAT 配置 ·············· 150
　12.5.3 PAT 配置 ·············· 151
项目实施 ·············· 151

项目十三　网关备份 VRRP 服务 ·············· 154

案例描述 ·············· 154
相关知识 ·············· 155
13.1 VRRP 应用背景 ·············· 155
13.2 VRRP 简介 ·············· 156
13.3 VRRP 术语与状态 ·············· 156
　13.3.1 VRRP 术语 ·············· 156
　13.3.2 VRRP 状态 ·············· 157
13.4 VRRP 选举 ·············· 158
13.5 VRRP 工作方式 ·············· 159
13.6 VRRP 报文及工作流程 ·············· 159
13.7 VRRP 接口跟踪 ·············· 160
13.8 VRRP 负载均衡 ·············· 161
13.9 VRRP 配置 ·············· 162
　13.9.1 VRRP 基本配置 ·············· 162
　13.9.2 VRRP 抢占与跟踪 ·············· 163
　13.9.3 VRRP 负载均衡 ·············· 164
项目实施 ·············· 165

项目十四　基本网络故障排除 ·············· 167
14.1 网络故障排除基本方法 ·············· 167
14.2 案例一：地址不连续规划 ·············· 173
　14.2.1 案例介绍 ·············· 173
　14.2.2 故障分析 ·············· 174
　14.2.3 故障排除 ·············· 178
14.3 案例二：OSPF 运行帧中继故障 ·············· 180
　14.3.1 案例介绍 ·············· 180
　14.3.2 故障分析 ·············· 181
　14.3.3 故障排除 ·············· 182

参考文献 ·············· 184

项目一

网络地址规划 VLSM

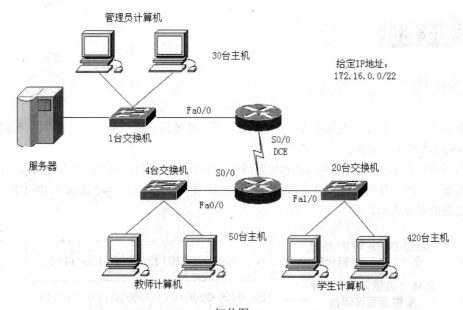

拓扑图

某学校网络拓扑如上图所示，网络管理员计划使用 172.16.0.0/22 这个范围的地址来进行整个网络的地址规划，通过需求分析得知，整个网络需要以下地址：

主机的数量和分组如下：

- 学生 LAN
  学生计算机：420
  路由器（LAN 网关）：1

交换机（管理）：20

学生子网合计：441

- 教师 LAN

教师计算机：50

路由器（LAN 网关）：1

交换机（管理）：4

教师子网合计：55

- 管理员 LAN

管理员计算机：30

服务器：1

路由器（LAN 网关）：1

交换机（管理）：1

管理员子网合计：33

- 设备间互联

路由器间的链路：2

设备间互联合计：2

管理员该如何规划 IP 地址才能够既满足网络对地址的需求，又最大限度地减少 IP 地址浪费？

1.1 地址规划与子网划分

在互联网络中，每台设备都必须具有唯一的标识，才能保证通信的正常完成。在网络层，我们采用 IPv4 地址来唯一地表示每一台设备。

数据网络中以 32 位二进制数来表示这些地址，但是二进制的表示方法对人们阅读和记忆来说却十分困难，因此，我们使用点分十进制格式来表示 IPv4 地址。图 1-1 显示了 IPv4 地址的二进制和十进制的对应表示。

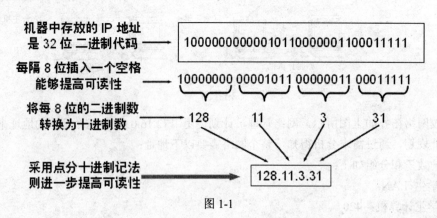

图 1-1

32位二进制的IPv4地址采用了分级的编址方法，由网络部分和主机部分组成，如图1-2所示。

图1-2

地址的前半部分是网络号，表明主机所在的网络，处于同一网络的主机，它们的网络号相同。地址后半部分是主机号，表明主机在这个网络上的具体标识，在同一个网络上，每台主机的主机号是唯一的。

为了准确地判断IP地址中的网络部分和主机部分，我们使用了子网掩码，子网掩码的表示方式与IP地址类似，也可以表示为二进制和十进制，长度与IP地址的长度相同。图1-3显示了子网掩码的二进制和十进制表示方式。

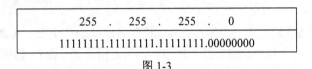

图1-3

从子网掩码的二进制形式，我们可以看出子网掩码的特点，子网掩码总是以连续的"1"开始，以连续的"0"结束，"0"和"1"的分界所对应的正是IP地址中网络部分与主机部分的分界。换句话说，IP地址中与子网掩码"1"相对应的是IP地址的网络部分，与子网掩码"0"相对应的是IP地址的主机部分。

当我们在以手工的方式为主机分配IP地址时，同时也会附上地址的子网掩码，以及默认网关和DNS，如图1-4所示。

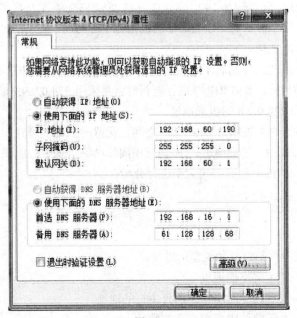

图1-4

最初互联网络设计者根据网络规模大小规定了地址类，把 IP 地址分为 A、B、C、D、E 五类，如图 1-5 所示。

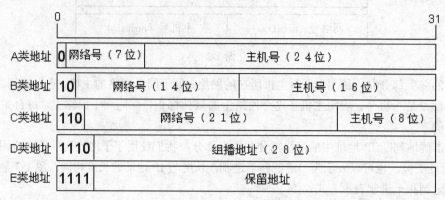

图 1-5

A 类 IP 地址的网络地址为第一个字节，其二进制表示以"0"开始，A 类地址的第一个字节为 0～127 之间，但 0 和 127 具有保留功能，所以实际的范围是 1～126。例如 10.150.0.1、126.0.0.1 等为 A 类地址。A 类地址的主机地址位数为后面的三个字节共 24 位。A 类地址的范围为 1.0.0.0～126.255.255.255，每一个 A 类网络共有 2^{24} 个 A 类 IP 地址。

B 类 IP 地址的网络地址为前两个字节，第一个字节的二进制表示以"10"开始，B 类地址的第一个字节转换为十进制在 128～191 之间。例如 128.0.0.1、191.255.255.254 等为 B 类地址。B 类地址的主机地址位数为后面的两个字节共 16 位。B 类地址的范围为 128.0.0.0～191.255.255.255，每一个 B 类网络共有 2^{16} 个 B 类 IP 地址。

C 类 IP 地址的网络地址为前三个字节，第一个字节的二进制表示以"110"开始，C 类地址的第一个字节为 192～223 之间。例如 192.168.0.1、223.255.255.254 等为 C 类地址。C 类地址的主机地址部分为后面的一个字节共 8 位。C 类地址的范围为 192.0.0.0～223.255.255.255，每一个 C 类网络共有 2^8=256 个 C 类 IP 地址。

D 类地址第一个字节的二进制表示以"1110"开头，因此，D 类地址的第一个字节为 224～239。D 类地址通常作为组播地址，例如 RIPv2 进行更新时就是采用 224.0.0.9 的组播地址，OSPF 进行更新时采用了 224.0.0.5 和 224.0.0.6 的组播地址。

E 类地址第一个字节的十进制为 240～255 之间，保留用于科学研究。

经常用到的是 A、B、C 三类地址。IP 地址由国际网络信息中心组织（International Network Information Center，InterNIC）根据公司大小进行分配。

1.1.1 地址与通信类型

1. 地址类型

每个网络的地址范围内都有三种类型的地址：
- 网络地址——表示网络的地址
- 广播地址——表示同一网络中的所有主机的地址
- 主机地址——表示网络中终端设备的地址

（1）网络地址

网络地址是表示网络的标准方式。我们可以称图 1-6 所示的网络为"10.0.0.0 网络"。10.0.0.0 网络中所有主机的网络位相同。

10	0	0	0

每个网络的最小主机地址保留为网络地址，此地址的主机部分的每个二进制表示的主机位均为 0。

（2）广播地址

广播地址是每个网络都有的一个特殊地址，用于与该网络中的所有主机通信。要向某个网络中的所有主机发送数据，主机只需以该网络广播地址为目的地址发送一个数据包即可。

每个网络最后一个主机地址即为此网络上的广播地址。即主机部分的二进制表示位全部为 1。在有 24 个网络位的网络 192.168.1.0 中，广播地址应为 192.168.1.255。此地址也称为定向广播。如图 1-7 所示。

192	168	1	255

图 1-7

（3）主机地址

如前所述，每台终端设备都需要唯一的地址才能向该主机传送数据包，我们将处于网络地址和广播地址之间的值分配给该网络中的设备。如图 1-8 所示。

192	168	1	1

图 1-8

2. 通信类型

在网络中，主机可采用以下三种方式之一来通信：
- 单播——从一台主机向另一台主机发送数据包的过程
- 广播——从一台主机向该网络中的所有主机发送数据包的过程
- 组播——从一台主机向选定的一组主机发送数据包的过程

这三种通信类型在互联网络中的用途各不相同，但有一点相同的是，源主机的 IP 地址都会被作为源地址放入数据包报头中。

（1）单播通信

在网络中，主机与主机之间的常规通信都使用单播通信。单播数据包使用目的主机的地址作为数据包的目的地址并且可以通过网络路由。而广播和组播则使用特殊的地址作为目的地址。由于要使用这些特殊地址，因此广播通常仅限于本地网络。组播通信的范围可以限于本地网络，也可以通过网络路由。图 1-9 显示的为单播通信。

（2）广播传输

由于广播通信用于向网络中的所有主机发送数据包，因此数据包使用的是特殊的广播地址。当主机收到以广播地址为目的地址的数据包时，主机处理该数据包的方式与处理单播数据包的方式相同。广播传输用于获取地址未知的特定服务/设备的位置，也可在主机需要向网络中所有主机提供信息时使用。

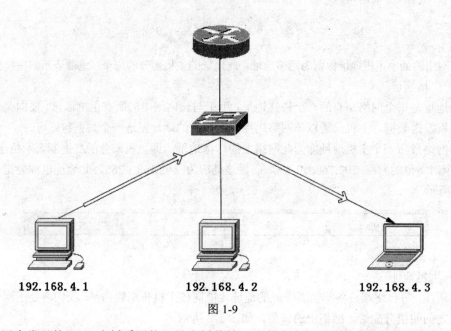

图 1-9

以太网中常见的 ARP 广播采用的正是广播传输，当某台主机需要信息时，该主机会向广播地址发送查询请求。位于该网络中的所有主机都会接收并处理此查询。如果主机有所请求的信息，这些主机将做出响应，通常会使用单播。

广播和单播的不同之处在于，单播数据包可以通过网际网络路由，而广播数据包通常仅限于本地网络。此限制取决于该网络边界路由器的配置以及广播的类型。广播有两类：定向广播和有限广播。

- 定向广播

定向广播是将数据包发送给特定网络中的所有主机。此类广播适用于向非本地网络中的所有主机发送广播报文。例如，网络外部的主机要与 192.168.1.0/24 网络中的主机通信，数据包的目的地址应为 192.168.1.255。需要注意的是，路由器在默认情况下并不转发定向广播，但可对其进行此配置。

- 有限广播

有限广播只限于将数据包发送给本地网络中的主机。这些数据包使用的目的 IP 地址为 255.255.255.255。路由器不转发此广播报文。发往有限广播地址的数据包只会出现在本地网络中。因此，本地网络也称为广播域，路由器则是广播域的边界。如图 1-10 所示。

（3）组播传输

组播传输的目的是为了节省网络的带宽。主机通过组播可以向选定的一组主机发送一个数据包，组播组中的所有主机都能收到此数据包，而没加入组播组的主机则不能收到此数据包，与使用单播方式为组播组中每个用户发送一个数据包相比，组播的方式减少了流量，也减轻了网络和主机的负担。如图 1-11 所示。

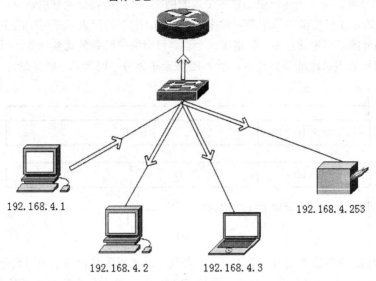

图 1-10

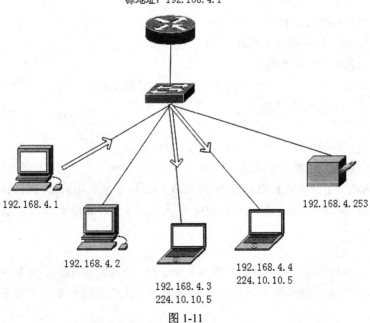

图 1-11

组播传输常见的应用有：在线视频和音频、路由协议交换路由信息、软件分发、新闻供稿。

1.1.2 定长子网计算

随着 Internet 网络的迅猛发展，IPv4 的 32 位地址空间已逐渐不能满足用户对联网的需求，再加上传统有类别的 A、B、C 类地址的分配不均匀，以及存在地址浪费等问题，需要通过子网划分来对 IP 地址进行合理的规划和分配。

通过子网划分可以从一个地址块创建多个逻辑网络，从而提高地址利用效率。划分子网的思路是延长掩码，从表示主机的位中借用若干位来表示子网，剩下的位表示子网中的主机。借用的主机位越多，可以划分的子网也就越多。每借用一个位，可用的子网数量就翻一番。同时，每借用一个位，每个子网可用的主机地址就会减少。图 1-12 表示了划分子网后的 3 级寻址。

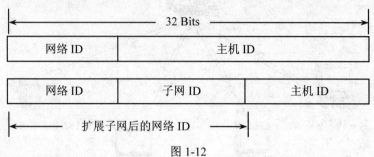

图 1-12

在划分子网前，首先需要做的一个工作是判断现有地址范围是否满足子网划分的需求。主要有两个指标需要同时满足，一是划分后所要得到的子网数量，二是划分后每个子网对地址的需求数量。

当同时满足上述 2 个条件后，我们就可以进行子网划分。子网划分的一般步骤为：

1. 确认所需要的子网数量
- 每个子网需要有一个网络号
- 每个广域网连接需要有一个网络号

2. 确认每个子网中所需要的主机数
- 每台主机需要一个主机地址
- 路由器的每个接口需要一个主机地址（同一路由器上的不同接口在不同的网络）

3. 基于以上需要进行如下计算
- 为整个网络计算一个子网掩码
- 为每个物理网段设定一个不同的子网号
- 为每个子网确定主机的合法地址范围

例如：某公司获得了一个完整的 C 类网络 202.1.1.0/24，公司内不同部门对地址的需求分别是：市场部 30 个，技术部 25 个，行政及财务部 10 个，人事部 5 个，综合部 12 个，请为每个部门分配地址。

步骤：

（1）通过需求分析知道公司内部总共需要 5 个子网，公司所获网络为 24 位掩码，所以网络中表示主机的位为 8 位，为了划分出 5 个子网，我们需要借 3 位来表示子网，这样我们可以划出 2^3=8 个子网。

（2）当主机位借走 3 位表示子网号后，剩下的 5 位表示子网中的主机，去掉主机编号全"0"和全"1"这 2 个号，每个子网能表示的合法地址个数为 2^5-2=30 个，能够满足 5 个部门对地址的需求。

（3）根据以上计算，得出表 1-1 中 8 个子网的网络号及合法主机范围。

表 1-1

子网号	子网地址	合法主机范围
子网 0	202.1.1.0/27	202.1.1.1～202.1.1.30
子网 1	202.1.1.32/27	202.1.1.33～202.1.1.62
子网 2	202.1.1.64/27	202.1.1.65～202.1.1.94
子网 3	202.1.1.96/27	202.1.1.97～202.1.1.126
子网 4	202.1.1.128/27	202.1.1.129～202.1.1.158
子网 5	202.1.1.160/27	202.1.1.161～202.1.1.190
子网 6	202.1.1.192/27	202.1.1.193～202.1.1.222
子网 7	202.1.1.224/27	202.1.1.225～202.1.1.254

从表中连续取 5 个子网分别分配给公司的 5 个部门，就能满足他们的需求。同时，我们还可以从表中发现，通过上述步骤划分出来的每个子网大小相同，掩码长度相同，能够表示的合法地址数量也相同，所以称为定长子网掩码划分。

1.2　VLSM

正如前面的例子，很多公司特别是规模较小的公司习惯使用定长子网掩码划分的方式来进行本公司网络的子网划分。定长子网掩码划分比变长子网掩码划分 VLSM 更容易理解，也更容易实施。在定长子网掩码划分子网的网络中，每个终端使用相同的掩码，所有的子网拥有的 IP 地址数量是相同的。这种方法所带来的一个问题是 IP 地址浪费，因为现实中不同的子网对地址的需求通常是不一样的，甚至差别比较大，而定长子网掩码划分子网的方法划分出来的子网大小一致，这就使得在满足对地址需求多的子网要求的同时造成对地址需求少的子网浪费 IP 地址，最极端的情况是在 2 个路由器间的这种子网只需要 2 个 IP 地址（见图 1-13），如果采用定长子网掩码方式来划分必然造成严重的地址浪费，这对于地址空间本就不足的 IPv4 来说，更是不能接受的。同时，你也会发现采用定长子网掩码方式来划分子网无法解决项目描述中的子网划分问题。

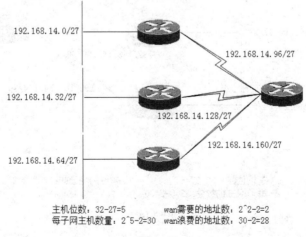

图 1-13

1.2.1 VLSM 规划

变长子网掩码划分 VLSM 正好可以解决图 1-13 中的问题。请记住，VLSM 的本质是划分子网的子网，也就是说根据需求的不同将子网逐级往下划分，最终得到地址浪费最小的方案。

按照这种思路，我们可以重新规划图 1-13 中路由器之间子网的地址。将 192.168.14.96/27 继续划分子网，划分出来的每个子网只需要 2 个合法地址，所以我们只需要保留 2 位来表示主机，此时掩码为 30 位，于是我们可以借 30-27=3 位来表示子网，这样我们就可以将 192.168.14.96/27 这个子网划分为 8 个子网，如表 1-2 所示。

表 1-2

子网号	子网地址	合法主机范围
子网 0	192.168.14.96/30	192.168.14.97～192.168.14.98
子网 1	192.168.14.100/30	192.168.14.101～192.168.14.102
子网 2	192.168.14.104/30	192.168.14.105～192.168.14.106
子网 3	192.168.14.108/30	192.168.14.109～192.168.14.110
子网 4	192.168.14.112/30	192.168.14.113～192.168.14.114
子网 5	192.168.14.116/30	192.168.14.117～192.168.14.118
子网 6	192.168.14.120/30	192.168.14.121～192.168.14.122
子网 7	192.168.14.124/30	192.168.14.125～192.168.14.126

我们从表 1-2 中取 3 个子网分配给 3 个路由器间的网络，如图 1-14 所示，这样就可以减小地址浪费。

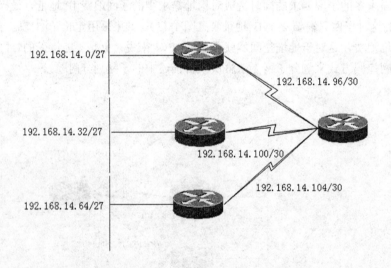

主机位数：32-27=5　　wan需要的地址数：2^2-2=2
每子网主机数量：2^5-2=30

图 1-14

1.2.2 CIDR

VLSM 的应用使得 IPv4 地址的使用效率得到很大的提高，但同时也带来了路由器路由表条目零散及路由表过大的问题。过大的路由表会带来以下问题：

（1）CPU 的路由计算，路由检索的负荷加剧，造成数据传输的延迟增加。
（2）大量路由信息的传输占用了有效带宽。
（3）路由器需要更多的存储器存储路由信息。
（4）频繁的网络变动，造成路由收敛时间延长。

因此，大型网络中，控制路由表的规模也是非常重要的。路由汇总可以解决上述问题。路由汇总也就是所谓的路由聚合，指使用相对更短的子网掩码将一组连续地址作为一个地址来传播，无类域间路由 CIDR 是路由聚合的一种形式。

图 1-15 显示了一条地址为 172.16.0.0、掩码为 255.248.0.0 的静态路由，它汇总了所有从 172.16.0.0/16 到 172.23.0.0/16 的有类网络。虽然 172.22.0.0/16 和 172.23.0.0/16 没有显示在图中，但它们也包含在这个总结路由中。

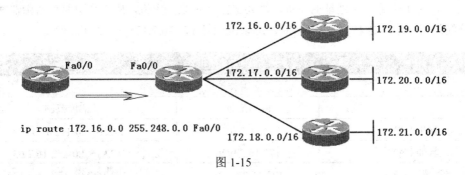

图 1-15

为了最大限度地减少 IP 地址浪费，我们最好的规划方法是采用变长子网掩码划分 VLSM 来实施地址分配。

1. 确定可用于分配的地址范围

从项目描述中，我们知道，管理员用于规划的 IP 地址是 172.16.0.0/22 这个地址块，此地址块的地址范围从 172.16.0.0～172.16.3.255，可用于分配的 IP 地址共计 1024 个。

2. 应用类地址规划

所谓的应用类地址，指的是用户终端使用的地址，本项目拓扑图中的用户分布在学生 LAN、教师 LAN 和管理员 LAN 中。

（1）学生 LAN

经过统计，对地址需求最多的子网是学生 LAN，总共需要 441 个地址，使用公式可得主机数量= 2^n-2，借用 9 个位作为主机部分，得出 512-2=510 个可用主机地址。此数量符合当前的要求，并提供少量预留地址可供未来发展需要。所以学生 LAN 的网络地址是 172.16.0.0/23，地址范围是 172.16.0.0～172.16.1.255。

（2）教师 LAN

除了学生 LAN 以外，对地址需求最大的是教师 LAN，总共需要 55 个 IP 地址。为了满足需求，我们需要保留 6 位来表示主机，2^6 – 2=62 个 IP 地址才够分配。分配完学生 LAN 后，剩下可用的网络是 172.16.2.0/23，保留 6 位做主机后，教师 LAN 分配的网络地址是 172.16.2.0/26，地址范围是 172.16.2.0～172.16.2.63。

（3）管理员 LAN

管理员 LAN 中有 30 个主机，1 个服务器，1 个网关，1 个管理地址，总共需要 33 个地址，是 3 个 LAN 中对地址需求最少的 1 个。为了满足 33 个 IP 地址需求，需要保留 6 位表示主机，2^6 – 2=62 个 IP 地址才够分配，同时做了一部分预留。分配完学生 LAN 和教师 LAN 后，剩下的地址范围是 172.16.2.64～172.16.3.255，所以管理员 LAN 分到的网络地址是 172.16.2.64/26，地址范围是 172.16.2.64～172.16.2.127。

3．设备互联地址规划

本例中，最后需要分配 IP 地址的是设备间互联使用的地址，图中只有 2 个路由器，设备间的链路只有 1 条，所以只需要 2 个 IP 地址。3 个 LAN 分配完以后，剩余可用的地址范围是 172.16.2.128～172.16.3.255，为了满足 2 个地址的需求，需要保留 2 位表示主机，所以图中两个路由器间的这条链路所分配的网络地址是 172.16.2.128/30，地址范围是 172.16.2.128～172.16.2.131。

规划总表		
应用类地址		
	网络地址	地址范围
学生 LAN	172.16.0.0/23	172.16.0.0-172.16.1.255
教师 LAN	172.16.2.0/26	172.16.2.0-172.16.2.63
管理员 LAN	172.16.2.64/26	172.16.2.64-172.16.2.127
设备互联地址		
	网络地址	地址范围
互联地址	172.16.2.128/30	172.16.2.128-172.16.2.131
余下的地址范围		
余下的地址范围	172.16.2.132-172.16.3.255	

为了满足所有的 IP 地址需求，我们使用的地址范围是 172.16.0.0～172.16.2.163，通过比较总的规划地址 172.16.0.0/22，我们还余下了 172.16.2.132～172.16.3.255 这个范围的地址，这部分地址可以在今后网络扩展的时候再继续使用。

项目二
网络设备基本操作

某公司要招聘一位网络管理维护人员,需要考察路由器交换机基础知识及网络管理维护中常见的路由器交换机基本操作技能。公司要求应聘者现场演示路由器的以下基本操作:

(1)路由器的名称配置
(2)路由器的控制台密码配置
(3)路由器的特权模式保护
(4)路由器的远程登录控制

2.1 设备结构

从本质上讲,路由器与交换机是经过特殊优化处理的计算机。所以,路由器的硬件构造与我们常见的 PC 有着类似的结构。

2.1.1 CPU

CPU,也称中央处理器,执行操作系统指令,如系统初始化、路由功能和交换功能,大部分计算都在这里进行。

2.1.2 RAM

RAM,即内存,与 PC 内存用于存放临时数据的作用一样,路由器中的内存用于存储 CPU 所需执行的指令和临时数据。主要的临时数据包括操作系统、运行配置文件、路由表、ARP 缓存及用户数据包缓存。RAM 是易失性存储器，如果路由器断电或重新启动，RAM 中的内容就会丢失。

2.1.3 ROM

ROM 称为只读存储器，是一种永久性存储器。用于存放开机自检程序（POST）、Bootstrap 引导程序和 MINI 版 IOS。类似于 PC 上的 BIOS，ROM 使用的是固件，通常是不需要修改或升级的软件，如果路由器断电或重新启动，ROM 中的内容不会丢失。

2.1.4 Flash

Flash 即闪存是非易失性存储器，用于存放 Cisco IOS。在大多数 Cisco 路由器型号中，IOS 是永久性存储在闪存中的，只有在启动过程中才复制到 RAM，然后再由 CPU 执行。如果路由器断电或重新启动，闪存中的内容不会丢失。

2.1.5 NVRAM

NVRAM 也叫作非易失性内存，与 FLASH 类似，能在断电的情况下保存数据。NVRAM 用于存放启动配置文件（startup-config）。当我们在执行路由器配置操作时，所修改的是存储于 RAM 的运行配置文件（running-config），并由 IOS 立即执行。要保存这些更改以防路由器重新启动或断电，必须将运行配置文件复制到 NVRAM，并在其中存储为 startup-config 文件。即使路由器重新启动或断电，我们的配置修改仍然存在。

2.1.6 接口

1. console port

console port 是控制台端口，用于通过超级终端配置路由器或者交换机。

2. AUX port

AUX port 是辅助端口，主要用来连接 Modem 对路由器实现远程管理。

3. 以太口

以太口 Ethernet 有 10M/100M/1000M 之分，100M 也称 FastEthernet，1000M 也称 Gigabyte Ethernet，是设备上的常见端口。

4. 串口

串口 serial，用于 WAN 连接，采用同步或者异步传输，实验中常中 64K 速率来做连接测试。

以上几种接口见图 2-1。

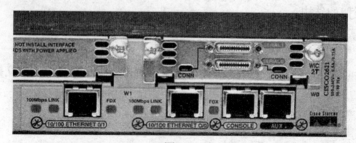

图 2-1

2.2 设备访问方法

路由器交换机没有显示屏，出厂时也没有任何配置，为了满足不同场合的应用需求，我们使用路由器交换机之前需要对其进行配置，配置设备的方法有多种，下面介绍2种常见的配置方式。

2.2.1 超级终端

控制台使用低速串行连接 RS232 将计算机直接连接到路由器或交换机的控制台端口，经常用于在网络服务未启动或发生故障时访问设备。

控制台的用途有以下3种情况：
- 初次配置网络设备
- 在远程访问不可行时进行灾难恢复和故障排除
- 密码恢复

控制台电缆的一端连接 PC 的 RS232 串口，另一端连接路由器或交换机的控制台接口，如图 2-2 所示。

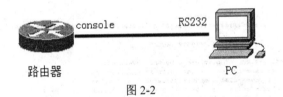

图 2-2

电缆连接好后，单击"开始→程序→附件→通讯→超级终端"的流程打开 PC 上的超级终端，如图 2-3 所示。

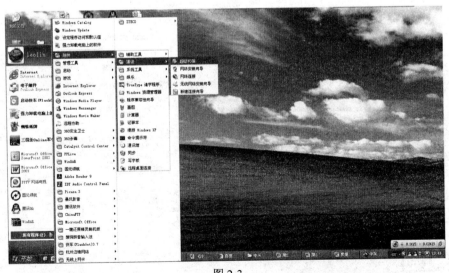

图 2-3

然后按图 2-4 选择 PC 用于连接路由器的端口，接着按图 2-5 进行端口设置，具体的数据是 9600bps、数据位 8、没有奇偶校验、停止位 1、没有数据流控制（流控）。

网络工程设备配置

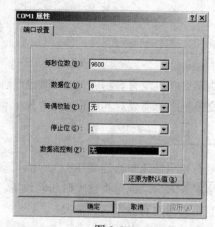

图 2-4　　　　　　　　　　　　　　　图 2-5

经过上述设置后，我们就可以通过超级终端连接到设备的 CLI 了，如图 2-6 所示。

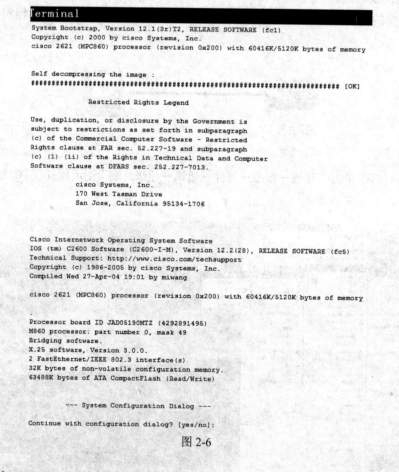

图 2-6

2.2.2　Telnet

通过 Telnet 连接到路由器是远程访问 CLI 会话的方法之一。Telnet 会话需要使用设备上的活动网络服务，该网络设备至少必须具有一个活动接口，且该接口必须配置有第 3 层地址，同时设备必须启动了 Telnet 服务器进程。

首先按图 2-7 配置设备开启远程登录服务，同时配置登录密码，接着将 PC 的 IP 地址设置好，以便能连通路由器的接口，然后就打开 PC 上的运行程序，输入 CMD，在弹出的对话框中输入 telnet + 设备接口地址，当提示输入密码时，输入设备开启此服务所配密码即可登录成功，如图 2-8 所示。

```
Router>
Router>
Router>en
Router#conf t
Enter configuration commands, one per line.  End with CNTL/Z.
Router(config)#int f0/0
Router(config-if)#ip add
Router(config-if)#ip address 192.168.1.1 255.255.255.0
Router(config-if)#no shut

%LINK-5-CHANGED: Interface FastEthernet0/0, changed state to up

%LINEPROTO-5-UPDOWN: Line protocol on Interface FastEthernet0/0, changed state t
o up

Router(config-if)#exit
Router(config)#line con
Router(config)#line vty
Router(config)#line vty 0-4
             ^
% Invalid input detected at '^' marker.

Router(config)#line vty 0 4
Router(config-line)#pas
Router(config-line)#password 123
Router(config-line)#login
Router(config-line)#
```

图 2-7

```
PC>telnet 192.168.1.1
Trying 192.168.1.1 ...Open


User Access Verification

Password:
```

图 2-8

2.3 IOS 基础配置

2.3.1 IOS 模式及转换

1. IOS 模式

Cisco IOS 使用了 CLI 的层次化设计。主要的模式有：一般用户模式、特权模式、全局配置模式和其他特定配置模式。

每种模式用于完成特定任务，并具有可在该模式下使用的特定命令集。某些命令可供所有用户使用，还有些命令仅在用户进入提供该命令的模式后才可执行。每种模式都具有独特的提示符，且只有适用于相应模式的命令才能执行。

（1）一般用户模式

一般用户模式采用 ">" 符号结尾的 CLI 提示符标识。

例如：router >

在一般用户模式下，用户只能执行有限的查看操作。在此模式下常见的命令是 show ip route，用于查看路由器的路由表。如图 2-9 所示。

```
Router>show ip route
Codes: C - connected, S - static, I - IGRP, R - RIP, M - mobile, B - BGP
       D - EIGRP, EX - EIGRP external, O - OSPF, IA - OSPF inter area
       N1 - OSPF NSSA external type 1, N2 - OSPF NSSA external type 2
       E1 - OSPF external type 1, E2 - OSPF external type 2, E - EGP
       i - IS-IS, L1 - IS-IS level-1, L2 - IS-IS level-2, ia - IS-IS inter area
       * - candidate default, U - per-user static route, o - ODR
       P - periodic downloaded static route

Gateway of last resort is not set

C    192.168.1.0/24 is directly connected, FastEthernet0/0
```

图 2-9

（2）特权模式

特权模式采用 "#" 符号结尾的 CLI 提示符标识。

例如：router #

在特权模式下，用户拥有完整的查看权限，同时也具有对设备的完整控制权。初学者此模式下常用的命令是 router# show running-config，如图 2-10 所示。

```
Router#show running-config
Building configuration...

Current configuration : 434 bytes
!
version 12.2
no service timestamps log datetime msec
no service timestamps debug datetime msec
no service password-encryption
!
hostname Router
!
!
!
!
!
!
!
!
!
!
!
!
!
!
!
!
interface FastEthernet0/0
 ip address 192.168.1.1 255.255.255.0
 duplex auto
 speed auto
!
interface FastEthernet0/1
 no ip address
 duplex auto
 speed auto
 shutdown
!
ip classless
!
```

图 2-10

（3）全局配置模式

全局配置模式采用"(config)#"符号结尾的 CLI 提示符标识。例如：Router(config)#

在全局配置模式下，可以配置影响路由器全局的参数。在此模式下常配置的参数是路由器的名字和密码，如图 2-11 所示。

```
Router(config)#hostname cisco
cisco(config)#enable secret 123
cisco(config)#
```

图 2-11

（4）其他特定配置模式

如果需要配置对路由器某一部分起作用的参数，我们就需要进入到相应的特定配置模式。例如我们需要配置路由器的接口参数，就需要进入接口配置模式；如果需要配置路由器的路由功能，就需要进入路由配置模式，等等。图 2-12 和图 2-13 分别显示了接口配置模式和路由配置模式。

```
cisco(config)#interface fastEthernet 0/0
cisco(config-if)#ip address 192.168.1.1 255.255.255.0
cisco(config-if)#no shut
cisco(config-if)#
```

图 2-12

```
cisco(config)#router rip
cisco(config-router)#network 192.168.1.0
cisco(config-router)#
```

图 2-13

2．IOS 模式转换

（1）一般用户模式与特权模式转换，如图 2-14 所示。

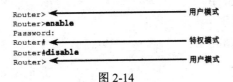

图 2-14

图中显示此路由器配置了特权模式进入口令。

（2）特权模式与全局配置模式转换，如图 2-15 所示。

```
Router#
Router#configure terminal
Enter configuration commands, one per line.  End with CNTL/Z.
Router(config)#exit
Router#
```

图 2-15

（3）特权模式、全局配置模式与特定配置模式转换，图 2-16 显示了特权模式、全局配置模式和接口模式之间的转换。

```
Router#
Router#configure terminal
Enter configuration commands, one per line.  End with CNTL/Z.
Router(config)#interface fastethernet 0/0
Router(config-if)#^Z
Router#
```

图 2-16

需要注意的是，如果我们想从特定配置模式直接回到特权模式，可以使用 Ctrl+Z 这个快捷键，图 2-16 中最后从接口模式回到特权模式就采用了这个方法，没有经过中间的全局配置模式。

2.3.2 设备名称配置

如图 2-17 所示，首先进入全局配置模式。

Router#config t

然后为路由器设置唯一的主机名。

Router(config)#hostname cisco

cisco(config)#

```
Router#
Router#conf t
Enter configuration commands, one per line.  End with CNTL/Z.
Router(config)#hostname cisco
cisco(config)#
```

图 2-17

2.3.3 设备密码配置

1. 控制台口令

控制台口令用于控制用户访问设备的控制台接口，如果用户没有控制台口令，即使将配置线插入设备控制台，用户也无法登录到一般用户模式。配置控制台口令如图 2-18 所示，配置后的效果如图 2-19 所示。

首先进入线路模式

Router(config)#line console 0

接着配置口令和口令启用

Router(config-line)#password 123

Router(config-line)#login

```
Router(config)#
Router(config)#line console 0
Router(config-line)#password 123
Router(config-line)#login
```

图 2-18

```
User Access Verification
Password:
Router>
```

图 2-19

2. 使能口令和使能加密口令

使能口令和使能加密口令都用于控制用户进入特权模式，区别在于使能口令在配置文件中以明文保存，而使能加密口令则是以密文方式保存，相对来说更安全。如果在同一个设备上同时配置了这 2 个口令，则起作用的是使能加密口令。配置方法如图 2-20 所示。

在全局配置模式下配置这 2 个口令

Router(config)#enable password 123   使能口令，明文显示

Router(config)#enable secret 321   使能加密口令，密文显示

```
Router(config)#
Router(config)#enable password 123
Router(config)#enable secret 321
Router(config)#
```

图 2-20

3. VTY 口令

VTY 口令用于打开设备远程登录服务，控制用户远程登录。配置方法如图 2-21。

首先进入线路模式

Router(config)#line vty 0 4

然后配置口令及启用

Router(config-line)#password 123

Router(config-line)#login

```
Router(config)#
Router(config)#line vty 0 4
Router(config-line)#password 123
Router(config-line)#login
Router(config-line)#
```

图 2-21

2.3.4 接口配置

接口是设备的业务出入口，常见的路由器工作在第三层，所以每个接口都需要配置 IP 地址，而交换机通常工作在第二层，一般不需要配置也可以工作。路由器接口的常见配置命令是：

Router(config)#interface *type slot/port*   进入某个接口

Router(config-if)#ip address *ip address*   配置接口 IP 地址

Router(config-if)#no shutdown   打开接口

图 2-22 显示了路由器上一个以太口的配置。

```
Router(config)#
Router(config)#interface fastethernet 0/0
Router(config-if)#ip address 192.168.1.1 255.255.255.0
Router(config-if)#no shutdown
```

图 2-22

2.3.5 登录横幅配置

在设备上配置登录横幅的目的是声明只有授权用户才能访问设备。配置登录横幅的命令格式为：

Router(config)#banner motd # message #

图 2-23 显示了一个登录横幅配置的例子及效果。

```
Router(config)#banner motd # This is a secure system.Authorized Access ONLY ! #
Router(config)#


This is a secure system.Authorized Access ONLY !

User Access Verification

Password:
```

图 2-23

2.3.6 配置保存

我们对设备所做的所有配置操作都是在内存里完成，如果不保存这些更改，当设备重新启动或者掉电后，前面的所有配置都将丢失，为了设备下次启动还有这些配置，我们需要将已做的配置做一个保存，保存的操作命令是：

Router# copy running-config startup-config

图 2-24 显示了保存配置的命令效果。

```
Router#copy running-config startup-config
Destination filename [startup-config]?
Building configuration...
[OK]
Router#
```

图 2-24

根据要求，我们对路由器分别做以下操作：

1. 路由器的名称配置

    Router > enable
    Router # configure terminal
    Router(config)#hostname cisco
    cisco(config)#

2. 路由器的控制台密码配置

    Router > enable
    Router # configure terminal
    Router(config)#line console 0
    Router(config-line)#login
    Router(config-line)#password cisco
    Router(config-line)#

3. 路由器的特权模式保护

    Router > enable
    Router # configure terminal
    Router(config)#enable secret cisco
    Router(config)#

4. 路由器的远程登录控制

    Router > enable
    Router # configure terminal
    Router(config)#line vty 0 4
    Router(config-line)#login
    Router(config-line)#password cisco

项目三
密码恢复与文件管理

某公司招聘你作为网络管理维护人员接替你的前任,当你开始新工作时,发现前任网络管理员没有为公司的路由器进行 IOS 和配置文件的备份,为了应付各种可能的突发情况,需要做好各种情况下的预案,你在准备备份 IOS 和配置文件的时候,却发现前任网络管理员在设备上设置了密码,但你在工作交接时并没有得到此密码,为了解决问题,你决定在最小损失下恢复设备的密码并做好备份。

3.1 路由器启动

路由器的启动过程分为四个主要阶段:
- 执行 POST
- 加载 Bootstrap 程序
- 查找并加载 Cisco IOS 系统
- 查找并加载启动配置文件,或进入初始化配置模式(配置对话)

3.1.1 路由器启动顺序

1. 执行 POST

加电自检 Power On Self-Test(POST)是每台计算机启动过程中必经的一个过程,同样也适用于网络设备。POST 过程用于检测设备硬件。当按下路由器电源开关时,ROM 芯片上的软件便会执行 POST。在这种自检过程中,路由器会通过 ROM 执行诊断,主要针对包括 CPU、RAM 和 NVRAM 在内的几种硬件组件。POST 完成后,路由器将执行 Bootstrap 程序。

2. 加载 Bootstrap 程序

POST 完成后,Bootstrap 程序将从 ROM 复制到 RAM。进入 RAM 后,CPU 会执行 Bootstrap 程序中的指令。Bootstrap 程序的主要任务是查找 Cisco IOS 并将其加载到 RAM。

3. 查找并加载 Cisco IOS

查找 Cisco IOS 软件。IOS 通常存储在闪存中,但也可能存储在其他位置,如 TFTP 服务器上。如果不能找到完整的 IOS 映像,则会从 ROM 将 MINI 版的 IOS 复制到 RAM 中。这种版本的 IOS 一般用于路由器故障恢复,也可用于将完整版的 IOS 加载到 RAM。

一旦 IOS 开始加载,我们将在映像解压缩过程中看到一串(#)号,如图 3-1 所示。

```
Self decompressing the image :
################################################################## [OK]
```

图 3-1

4. 查找并加载配置文件

查找启动配置文件。IOS 加载后,Bootstrap 程序会搜索 NVRAM 中的启动配置文件(也称为 startup-config)。此文件含有上一次保存的配置命令以及参数,其中可能包括:接口地址信息、路由信息、相关口令等信息。如果 NVRAM 中保存有启动配置文件,则会将其复制到 RAM 作为运行配置文件(running-config),如果没有,路由器将询问是否要进入配置对话。

3.1.2 检查路由器启动

Cisco 路由器的启动受到配置寄存器的影响,为了了解路由器的启动,需要知道设备当前的配置寄存器设置。我们可以通过 show version 命令来查看当前设备的配置寄存器值。除此以外,show version 这个命令还能查看包括 IOS 信息等其他相关参数。图 3-2 显示了 show version 的完整输出。

```
Router>
Router>show version
Cisco Internetwork Operating System Software
IOS (tm) C2600 Software (C2600-I-M), Version 12.2(28), RELEASE SOFTWARE (fc5)
Technical Support: http://www.cisco.com/techsupport
Copyright (c) 1986-2005 by cisco Systems, Inc.
Compiled Wed 27-Apr-04 19:01 by miwang
Image text-base: 0x8000808C, data-base: 0x80A1FECC

ROM: System Bootstrap, Version 12.1(3r)T2, RELEASE SOFTWARE (fc1)
Copyright (c) 2000 by cisco Systems, Inc.
ROM: C2600 Software (C2600-I-M), Version 12.2(28), RELEASE SOFTWARE (fc5)

System returned to ROM by reload
System image file is "flash:c2600-i-mz.122-28.bin"

cisco 2621 (MPC860) processor (revision 0x200) with 60416K/5120K bytes of memory

Processor board ID JAD05190MTZ (4292891495)
M860 processor: part number 0, mask 49
Bridging software.
X.25 software, Version 3.0.0.
2 FastEthernet/IEEE 802.3 interface(s)
32K bytes of non-volatile configuration memory.
63488K bytes of ATA CompactFlash (Read/Write)

Configuration register is 0x2102
```

图 3-2

从图 3-2 中可以看出，show version 的输出信息很丰富，包括：

（1）IOS 版本，如图 3-3 所示，可以看出此路由器的 IOS 版本是 12.2（28）。

```
Cisco Internetwork Operating System Software
IOS (tm) C2600 Software (C2600-I-M), Version 12.2(28), RELEASE SOFTWARE (fc5)
```

图 3-3

（2）ROM Bootstrap 程序，如图 3-4 所示，可以看出 Bootstrap 程序的版本是 12.1（3r）T2。

```
ROM: System Bootstrap, Version 12.1(3r)T2, RELEASE SOFTWARE (fc1)
```

图 3-4

（3）IOS 位置，如图 3-5 所示，IOS 存放在 FLASH 的根目录下，名字叫做 c2600-i-mz.122-28.bin。

```
System image file is "flash:c2600-i-mz.122-28.bin"
```

图 3-5

（4）CPU 和 RAM 大小，如图 3-6 所示。

```
cisco 2621 (MPC860) processor (revision 0x200) with 60416K/5120K bytes of memory
```

图 3-6

此行的前半部分显示的是该路由器的 CPU 类型，后半部分显示的是 DRAM 的大小。

图 3-6 显示该路由器有 60,416 KB 的可用 DRAM 用于临时存储 Cisco IOS 和其他系统进程。其余 5,120 KB 专用作数据包存储器。二者相加之和为 65,536 KB，即总共 64 MB 的 DRAM。

（5）接口，如图 3-7 所示。

```
2 FastEthernet/IEEE 802.3 interface(s)
```

图 3-7

图 3-7 中显示此路由器有 2 个 100M 的快速以太网接口。

（6）NVRAM 大小，如图 3-8 所示。

```
32K bytes of non-volatile configuration memory.
```

图 3-8

图 3-8 显示此路由器有 32KB 的 NVRAM 空间用于存储 startup-config。

（7）闪存大小，如图 3-9 所示。

```
63488K bytes of ATA CompactFlash (Read/Write)
```

图 3-9

图 3-9 显示该路由器的 Flash 是 CF 卡，用于存放 IOS。

（8）配置寄存器，如图 3-10 所示。

```
Configuration register is 0x2102
```

图 3-10

图 3-10 显示该路由器的配置寄存器值为 0x2102。

3.2 配置寄存器

配置寄存器是 1 个 16 位二进制值,此值由用户配置,决定了路由器在启动过程中的工作流程。配置寄存器的最后 4 位指定的是路由器在启动的时候必须使用的启动文件所在的位置:

0x0000 指定路由器进入 ROM 监控模式

0x0001 指定从 ROM 中启动

0x0002~0x000F 的值则参照在 NVRAM 配置文件中命令 boot system 指定的顺序,如果配置文件中没有 boot system 命令,路由器会试图用系统 Flash 存储器中的第一个文件来启动,如果失败,路由器就会试图用 TFTP 从服务器上加载一个缺省文件名的文件。表 3-1 显示了配置寄存器重要位的含义。

表 3-1 配置寄存器重要位

寄存器位数	十六进制	功能描述
0~3	0x0000~0x000F	启动字段: 0000—停留在引导提示符下(>或 rommon >下) 0001—从 ROM 中引导 0002~000F—参照在 NVRAM 配置文件中命令 boot system 指定的顺序
6	0x0040	配置启动时忽略 NVRAM 中的配置信息
8	0x0100	设置之后,暂停键在系统运行时无法使用;如果没有设置,系统会进入引导监控模式下(rommon>)
11~12	0x0800~0x1800	控制台线路速度,默认的就是 00 即 9600bps
13	0x2000	如果启动失败,系统以缺省 ROM 软件启动

配置寄存器的典型值有以下 2 个:

(1) 0x2102:运行过程中 Break 键被屏蔽,路由器会查看 NVRAM 中配置的内容以确定启动次序,如果启动失败会采用默认的 ROM 软件进行启动。

(2) 0x2142:启动后只加载 IOS,忽略 NVRAM 中启动配置文件。

3.3 密码恢复

恢复路由器口令分为 4 个阶段:

- 第一阶段使路由器进入监控模式
- 第二阶段配置路由器启动过程中忽略启动配置文件
- 第三阶段在特权模式下读取启动配置文件
- 第四阶段重置路由器口令。

具体步骤为:

(1) 连接到控制台端口。

(2) 在一般用户模式下输入 show version,记录下配置寄存器设置。

  Router>#show version
  Configuration register is 0x2102

配置寄存器一般设置为 0x2102 或 0x102。

(3)关闭路由器的电源开关,然后重新打开。

(4)在路由器启动过程的 60 秒内按终端键盘上的 Ctrl+Break 键,使路由器进入监控模式。

(5)在 rommon 1>提示符后键入 confreg 0x2142。修改配置寄存器值为 0x2142,让路由器下次启动时忽略启动配置文件。

(6)在 rommon 2>提示符后键入 reset。路由器随后将重新启动。

(7)输入 no 跳过初始化配置模式,进入一般用户模式。

(8)在 Router>提示符后键入 enable 进入特权模式。

(9)输入 copy startup-config running-config 将启动配置文件复制到 RAM 里作为运行配置文件。

(10)输入 configure terminal 进入全局配置模式。

(11)输入 enable secret password 更改使能加密口令。

(12)输入 config-register 0x2102 将配置寄存器值改回正常值。

(13)按 Ctrl+Z 键退回到特权模式。

(14)输入 copy running-config startup-config 保存更改。

3.4 文件管理

在实际工作中,管理员的一个重要工作是在发现入侵或漏洞时升级 IOS 映像,这时日常的 IOS 和配置文件管理就显得尤为重要。

3.4.1 IOS 文件管理

1. 备份 IOS 文件

步骤:

(1)按图 3-11 连接路由器与 TFTP 服务器。

图 3-11

(2)按图 3-12 设置好路由器与 TFTP 服务器,并测试路由器到 TFTP 服务器的连通性,如图 3-13 所示。

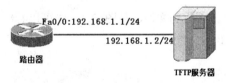

图 3-12

```
Router#
Router#ping 192.168.1.2

Type escape sequence to abort.
Sending 5, 100-byte ICMP Echos to 192.168.1.2, timeout is 2 seconds:
!!!!!
Success rate is 100 percent (5/5), round-trip min/avg/max = 1/5/15 ms

Router#
```

图 3-13

（3）检查 Flash 中需要备份的 IOS 文件名，如图 3-14 所示。

```
Router#
Router#show flash

System flash directory:
File  Length   Name/status
  4   5571584  c2600back-i-mz.122-28.bin
[5571584 bytes used, 58444800 available, 64016384 total]
63488K bytes of processor board System flash (Read/Write)

Router#
```

图 3-14

从图 3-14 中，我们可以看到需要备份的 IOS 文件名为 c2600back-i-mz.122-28.bin。

（4）按图 3-15 备份 IOS 到 TFTP 服务器。

```
Router#copy flash tftp
Source filename []? c2600back-i-mz.122-28.bin
Address or name of remote host []? 192.168.1.2
Destination filename [c2600back-i-mz.122-28.bin]?

Writing c2600back-i-mz.122-28.bin...!!!!!!!!!!!!!!!!!!!!!!!!!!!!!!!!!!!!!!!!!
!!!!!!!!!!!!!!!!!!!!!!!!!!!!!!!!!!!!!!!!!!!!!!!!!!!!!!!
[OK - 5571584 bytes]

5571584 bytes copied in 0.315 secs (17687000 bytes/sec)
Router#
```

图 3-15

（5）检查 TFTP 服务器是否收到文件，从图 3-16 中可以看出，TFTP 服务器已经收到名为 c2600back-i-mz.122-28.bin 的 IOS 文件。

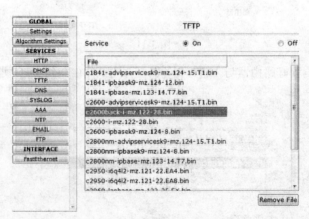

图 3-16

2. 恢复 IOS 文件

当路由器 Flash 损坏或者 IOS 丢失后，我们就需要做 IOS 文件的恢复，具体步骤是：

（1）按图 3-11 连接路由器与 TFTP 服务器。

（2）进入监控模式后，按图 3-17 操作。

```
rommon 1 > IP_ADDRESS=192.168.1.1
rommon 2 > IP_SUBNET_MASK=255.255.255.0
rommon 3 > DEFAULT_GATEWAY=192.168.1.2
rommon 4 > TFTP_SERVER=192.168.1.2
rommon 5 > TFTP_FILE=c2600back-i-mz.122-28.bin
rommon 6 > tftpdnld

         IP_ADDRESS: 192.168.1.1
      IP_SUBNET_MASK: 255.255.255.0
     DEFAULT_GATEWAY: 192.168.1.2
         TFTP_SERVER: 192.168.1.2
           TFTP_FILE: c2600back-i-mz.122-28.bin
Invoke this command for disaster recovery only.
WARNING: all existing data in all partitions on flash will be lost!

Do you wish to continue? y/n:  [n]:  y
.
Receiving c2600back-i-mz.122-28.bin from 192.168.1.2 !!!!!!!!!!!!!!!!!!!!!!!!!
!!!!!!!!!!!!!!!!!!!!!!!!!!!!!!!!!!!!!!!!!!!!!!!!!!!!!!!!!!!!!!!!!!!!!!!!!!!!!!
!!
File reception completed.
Copying file c2600back-i-mz.122-28.bin to flash.
```

图 3-17

（3）使用 reset 命令重新启动路由器成功则说明 IOS 恢复成功。

3.4.2 配置文件管理

正如前文所述，当我们对设备进行配置后，实际是对运行配置文件进行修改，同时修改也会立即生效。但是如果不保存为启动配置文件，当设备重新启动或者掉电后，我们所做的修改都将不复存在。于是，我们在全局配置模式下使用 copy running-config startup-config 命令在 NVRAM 中保存我们所做的配置。

NVRAM 中保存了启动配置文件后是不是就能确保万无一失呢？答案是否定的，一旦 NVRAM 出现损坏，启动配置文件也会随之丢失。为了应对可能出现的丢失启动配置文件情况，我们需要将配置文件备份到 TFTP 服务器。

1. 备份配置文件

（1）按图 3-11 连接设备到 TFTP 服务器。

（2）按图 3-12 设置好路由器与 TFTP 服务器，并测试路由器到 TFTP 服务器的连通性。

（3）按图 3-18 备份配置文件到 TFTP 服务器。

```
cisco#copy startup-config tftp
Address or name of remote host []? 192.168.1.2
Destination filename [cisco-confg]?

Writing startup-config...!!
[OK - 468 bytes]

468 bytes copied in 0.062 secs (7000 bytes/sec)
cisco#
```

图 3-18

（4）检查 TFTP 服务器是否收到文件，从图 3-19 中可以看出 TFTP 服务器已经收到名为 cisco-confg 的配置文件。

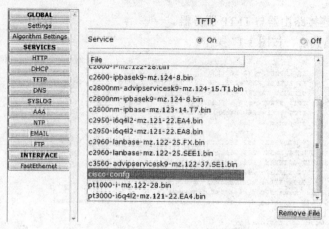

图 3-19

2. 恢复配置文件

当配置文件因某种原因丢失后（图 3-20 显示了如何删除启动配置文件），我们就需要借助 TFTP 服务器来恢复配置文件。

```
cisco#erase startup-config
Erasing the nvram filesystem will remove all configuration files! Continue? [con
firm]
[OK]
Erase of nvram: complete
%SYS-7-NV_BLOCK_INIT: Initialized the geometry of nvram
cisco#
```

图 3-20

（1）按图 3-11 连接设备到 TFTP 服务器。
（2）按图 3-12 设置好路由器与 TFTP 服务器，并测试路由器到 TFTP 服务器的连通性。
（3）按图 3-21 恢复配置文件。

```
Router#copy tftp startup-config
Address or name of remote host [ ]? 192.168.1.2
Source filename [ ]? cisco-confg
Destination filename [startup-config]?

Accessing tftp://192.168.1.2/cisco-confg...
Loading cisco-confg from 192.168.1.2: !
[OK - 468 bytes]

468 bytes copied in 0.031 secs (15096 bytes/sec)
Router#
```

图 3-21

（4）使用 reload 命令重新启动路由器后看到路由器已经成功恢复了启动配置文件，如图 3-22 所示。

```
%LINK-5-CHANGED: Interface FastEthernet0/1, changed state to up

%LINK-5-CHANGED: Interface FastEthernet0/1, changed state to administratively do
wn

%SYS-5-CONFIG_I: Configured from console by console

cisco>en
Password:
cisco#
```

图 3-22

为了应对当前路由器密码丢失的情况,你计划选择在下班后对路由器的密码进行恢复。

(1) 关闭路由器的电源开关,然后重新打开。

(2) 在路由器启动过程的 60 秒内按终端键盘上的 Ctrl+Break 键,使路由器进入监控模式。

```
Self decompressing the image :
#####################
monitor: command "boot" aborted due to user interrupt
rommon 1 >
```

(3) 在 rommon 1> 提示符后键入 confreg 0x2142。修改配置寄存器值为 0x2142,让路由器下次启动时忽略启动配置文件。

```
rommon 1 >
rommon 1 > confreg 0x2142
```

(4) 在 rommon 2> 提示符后键入 reset。路由器随后将重新启动。

```
rommon 2 > reset
System Bootstrap, Version 12.1(3r)T2, RELEASE SOFTWARE (fc1)
Copyright (c) 2000 by cisco Systems, Inc.
cisco 2621 (MPC860) processor (revision 0x200) with 60416K/5120K bytes of memory


Self decompressing the image :
############################################################## [OK]

              Restricted Rights Legend

Use, duplication, or disclosure by the Government is
subject to restrictions as set forth in subparagraph
(c) of the Commercial Computer Software - Restricted
Rights clause at FAR sec. 52.227-19 and subparagraph
(c) (1) (ii) of the Rights in Technical Data and Computer
Software clause at DFARS sec. 252.227-7013.

           cisco Systems, Inc.
           170 West Tasman Drive
           San Jose, California 95134-1706


Cisco Internetwork Operating System Software
IOS (tm) C2600 Software (C2600-I-M), Version 12.2(28), RELEASE SOFTWARE (fc5)
Technical Support: http://www.cisco.com/techsupport
Copyright (c) 1986-2005 by cisco Systems, Inc.
Compiled Wed 27-Apr-04 19:01 by miwang

cisco 2621 (MPC860) processor (revision 0x200) with 60416K/5120K bytes of memory
.
Processor board ID JAD05190MTZ (4292891495)
M860 processor: part number 0, mask 49
Bridging software.
X.25 software, Version 3.0.0.
2 FastEthernet/IEEE 802.3 interface(s)
32K bytes of non-volatile configuration memory.
63488K bytes of ATA CompactFlash (Read/Write)
```

(5) 输入 no 跳过初始化配置模式,进入一般用户模式。

```
         --- System Configuration Dialog ---

Continue with configuration dialog? [yes/no]: no


Press RETURN to get started!


Router>
```

(6) 在 Router> 提示符后键入 enable 进入特权模式。

```
Router>
Router>enable
Router#
```

(7) 输入 copy startup-config running-config 将启动配置文件复制到 RAM 里作为运行配置文件。

```
Router#
Router#copy startup-config running-config
Destination filename [running-config]?

455 bytes copied in 0.416 secs (1093 bytes/sec)

%SYS-5-CONFIG_I: Configured from console by console
cisco#
```

(8) 输入 configure terminal 进入全局配置模式。

```
cisco#
cisco#configure terminal
Enter configuration commands, one per line.  End with CNTL/Z.
cisco(config)#
```

(9) 输入 enable secret password 更改使能加密口令。

```
cisco(config)#
cisco(config)#enable secret cisco
cisco(config)#
```

(10) 输入 config-register 0x2102 将配置寄存器值改回正常值。

```
cisco(config)#
cisco(config)#config-register 0x2102
cisco(config)#
```

(11) 按 Ctrl+Z 键退回到特权模式。

```
cisco(config)#
cisco(config)#^Z
cisco#
%SYS-5-CONFIG_I: Configured from console by console

cisco#
```

(12) 输入 copy running-config startup-config 保存更改。

```
cisco#
cisco#copy running-config startup-config
Destination filename [startup-config]?
Building configuration...
[OK]
cisco#
```

项目四
DHCP 服务

你刚成为某公司的网络管理维护人员，公司职员经常对你抱怨上网过程中 IP 地址冲突的情况时有发生，为了解决这个问题，在现有投资的基础上，你用路由器来为大家提供动态地址分配服务，使得所有员工上网中不再出现地址冲突。公司内网拓扑如下图所示。

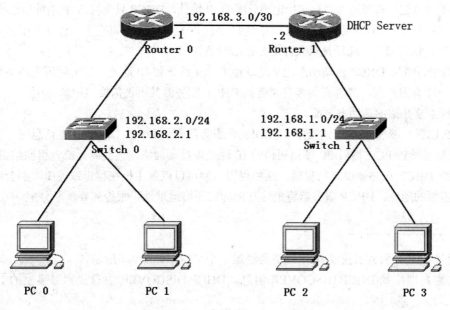

拓扑图

4.1 DHCP 基础

不论是 PC 还是路由器，每一台需要连入网络的设备均需要 IP 地址。路由器、服务器以及物理位置与逻辑位置均不会发生变化的网络设备通常为其分配静态 IP 地址。管理员手动输入静态 IP 地址之后，这些设备即被配置加入网络。但是，对于网络中的 PC 而言，其物理位置和逻辑位置可能会发生变化。员工搬到新的办公室时，管理员并不总能及时地为其分配新的 IP 地址。此外，如果员工对网络不熟悉，自己随意地设置 IP 地址也可能会导致同一网络上的地址冲突问题，因此 PC 不适合采用静态地址，更适合使用某一地址范围内的任一地址，地址范围通常属于一个 IP 子网内。对于特定子网内的 PC，可以分配特定范围内的任何地址。而该子网的其他项，如子网掩码、默认网关和 DNS 服务器等则可设置为统一参数。

网络管理员一般喜欢使用专用服务器提供 DHCP 服务，这种解决方案相对容易管理。但对于小的分支办公室或中小型企业，使用路由器来提供 DHCP 服务则是一个不错的选择，常见厂家的路由器（如思科、华为、锐捷等）都能提供这样的服务。

4.1.1 DHCP 工作方式

不论是专业的 DHCP 服务器还是开启了 DHCP 服务的路由器，它们执行的工作都是向客户端提供 IP 地址、子网掩码、默认网关、DNS 服务器等联网需要的相关参数。DHCP 包括三种不同的地址分配机制：

- 手动分配：管理员为客户端指定预分配的 IP 地址，DHCP 只是将该 IP 地址传达给设备。
- 自动分配：DHCP 从可用地址池中选择静态 IP 地址，自动将它永久性地分配给设备。不存在租期问题，地址是永久性地分配给设备。
- 动态分配：DHCP 自动动态地从地址池中分配或出租 IP 地址，使用期限为服务器选择的一段有限时间，或者直到客户端告知 DHCP 服务器其不再需要该地址为止。

本项目主要介绍的是动态分配。

DHCP 以客户端/服务器模式工作。当 DHCP 服务器收到 PC 的 DHCP 搜索信息时，服务器分配一个 IP 地址给该 PC。然后 PC 使用租借的 IP 地址连接到网络，直到离开或者租期结束。PC 必须定期联系 DHCP 服务器以续约租期。这种租用机制可以确保主机在移走或关闭时不会继续占有它们不再需要的地址。DHCP 服务器将把这些地址归还给地址池，根据需要重新分配。

4.1.2 DHCP 工作步骤

PC 通过 DHCP 服务来获取 IP 地址需要经过 4 个步骤，如图 4-1 所示。

（1）客户端广播 DHCP DISCOVER 消息。DHCP DISCOVER 消息找到网络上的 DHCP 服务器。

（2）当 DHCP 服务器收到 DHCP DISCOVER 消息时，它会找到一个可供分配的 IP 地址，创建一个包含请求方 PC MAC 地址和所分配的 IP 地址的 ARP 条目，并使用 DHCP OFFER 消息传送绑定提供报文。

（3）当客户端收到来自服务器的 DHCP OFFER 时，它回送一条 DHCP REQUEST 消息。此消息要求在 IP 地址分配后检验其有效性，确保地址分配仍然有效，同时也拒绝其他服务器提供的 DHCP 信息。

（4）DHCP 服务器收到 DHCP REQUEST 消息后，检验租用信息，为客户端租用创建新的 ARP 条目，并用单播 DHCP ACK 消息予以回复。客户端收到 DHCP ACK 消息后，记录下配置信息，并为所分配的地址执行 ARP 查找。

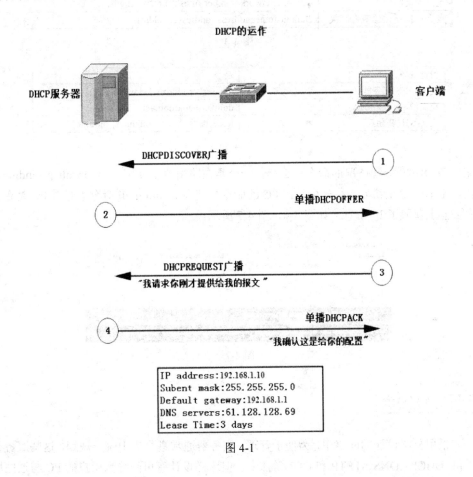

图 4-1

4.2 DHCP 基本配置

路由器配置为 DHCP 服务器的步骤如下：

（1）定义 DHCP 的排除范围，将已经或者准备分配的地址排除在分配范围外。在全局配置模式中使用 ip dhcp excluded-address 命令（见图 4-2）配置要排除的地址，然后创建 DHCP 池（见图 4-3）。这可以确保 DHCP 不会意外分配保留的地址。

```
R1(config)#ip dhcp excluded-address low-address [high-address]
```

图 4-2

（2）使用 ip dhcp pool 命令创建 DHCP 池。

```
R1(config)#ip dhcp pool pool-name
```
图 4-3

（3）配置地址池的具体信息，如图 4-4，图 4-5 所示。

需要完成的任务	命令
定义地址池	network network-number {mask| /prefix-length}
定义默认路由器或者网关	Default-router address {address2...address8}

图 4-4

可选任务	命令
定义 DNS 服务器	dns-server address {address...address8}
定义域名	domain-name domain
定义 DHCP 租期	lease {days {hours} {minutes} | infinite}

图 4-5

用来检查 DHCP 分配情况的命令有 2 个，一个是在路由器上使用 show ip dhcp binding，可以查看路由器上 DHCP 的绑定，另一个是在 PC 的命令行使用 ipconfig/all 命令来查看 PC 是否已经从 DHCP 服务器上获取了 IP 信息，如图 4-6，图 4-7 所示。

```
Router#show ip dhcp binding
IP address      Client-ID/          Lease expiration    Type
                Hardware address
```
图 4-6

```
C:\WINDOWS\system32\cmd.exe
C:\Documents and Settings\SpanPC>ipconfig /all
```
图 4-7

4.3 DHCP 中继

在一些采用分层设计的网络中，为便于管理，服务器通常进行集中统一规划，这些服务器可为客户端提供 DHCP、DNS、TFTP 和 FTP 等服务。但这样设计有可能导致用户的 PC 与这些服务器通常不在同一子网上（见图 4-8）。客户端必须找到服务器才能接受服务。正如我们前面所提到的 DHCP 工作步骤，客户端会使用广播消息寻找这些服务器，而路由器在默认情况下不转发第 2 层广播，这就会导致图 4-8 中 PC1 无法获得 DHCP 服务。

针对这类问题的一个解决方案是在所有子网上均添加 DHCP 服务器。但是，这种解决方案会带来成本上和管理上的额外开销。一个简单的解决方案是，在路由器上配置 DHCP 中继功能，使路由器转发收到的 DHCP DISCOVER 报文。这一解决方法使路由器能够将 DHCP 广播转发给 DHCP 服务器。要在图 4-9 中路由器 R1 配置 DHCP 中继，需要使用 ip helper-address 接口配置命令配置离客户端最近的接口。

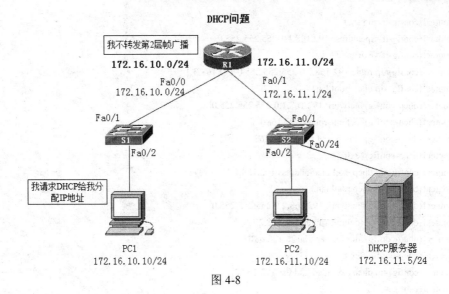

图 4-8

```
R1# config t
R1(config)# interface Fa0/0
R1(config-if)# ip helper-address 192.168.11.5
R1(config-if)# end
```

图 4-9

从企业内网拓扑图，我们可以看出，路由器 Router 1 作为 DHCP 服务器，内网有 2 个子网，分别是 192.168.1.0/24 和 192.168.2.0/24，需要在 DHCP 上分别为 2 个子网做地址池，同时还需要注意的是 192.168.2.0/24 子网没有直接连接 DHCP Server，所以需要在路由器 Router 0 上做 DHCP 中继。

以下为 2 个路由器的相关配置：

1. 路由器 Router 0 配置

    router0(config)#
    router0(config)#int f0/0
    router0(config-if)#no shut
    router0(config-if)#ip address 192.168.3.1 255.255.255.252
    router0(config-if)#int f0/1
    router0(config-if)#no shut
    router0(config-if)#ip address 192.168.2.1 255.255.255.0
    router0(config-if)#ip helper-address 192.168.3.2
    router0(config-if)#exit
    router0(config)#ip route 192.168.1.0 255.255.255.0 192.168.3.2

2. 路由器 Router 1 配置

    router1(config)#int f0/0
    router1(config-if)#no shut
    router1(config-if)#ip address 192.168.3.2 255.255.255.252
    router1(config-if)#int f0/1

```
router1(config-if)#no shut
router1(config-if)#ip address 192.168.1.1 255.255.255.0
router1(config-if)#exit
router1(config)#ip route 192.168.2.0 255.255.255.0 192.168.3.1
router1(config)#ip dhcp pool lan1
router1(dhcp-config)#network 192.168.1.0 255.255.255.0
router1(dhcp-config)#default-router 192.168.1.1
router1(dhcp-config)#dns-server 61.128.128.68
router1(dhcp-config)#exit
router1(config)#ip dhcp excluded-address 192.168.1.1
router1(config)#ip dhcp pool lan2
router1(dhcp-config)#network 192.168.2.0 255.255.255.0
router1(dhcp-config)#default-router 192.168.2.1
router1(dhcp-config)#dns-server 61.128.128.68
router1(dhcp-config)#exit
router1(config)#ip dhcp excluded-address 192.168.2.1
router1(config)#
```

通过以上配置，我们可以检测 2 个子网的主机能否正确动态获取 IP 地址，如图 4-10 所示。

图 4-10

通过图 4-10 可以看到，2 个子网的主机已经能正确通过路由器 DHCP 服务获取 IP 地址。

项目五

VLAN

创能科技是一家从事高保真耳机研发、生产和销售的创业型微型企业,随着公司的发展,人员逐渐增加,员工时常反映文件传输慢且网络不定期的中断。公司与几家系统集成商沟通后发现问题的原因在于原有网络没有做广播域隔离,随着用户的增长以及病毒的侵袭,广播风暴时常发生,进而导致网络中断,于是公司决定升级网络,升级后的网络拓扑如下图所示。你作为售后工程师,请根据设计方案实现网络的设计思路。

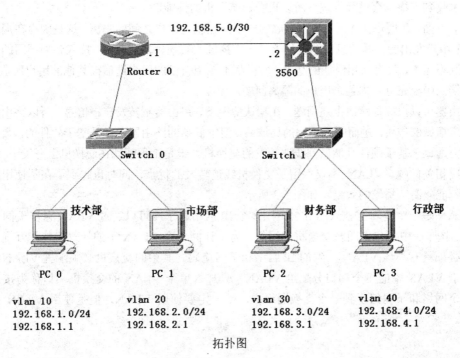

拓扑图

5.1　VLAN 基础

虚拟局域网 VLAN 是一项在交换机上隔离广播域的技术。在 VLAN 这项技术出现以前，由二层交换机所组建的网络无法隔离广播域，当交换机收到广播帧时，它会向所有的端口进行转发，如图 5-1 所示。

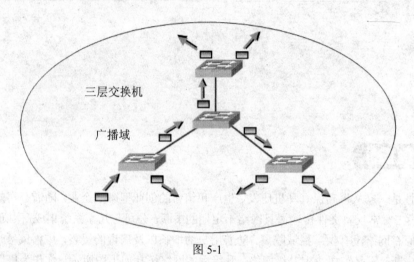

图 5-1

随着网络规模的扩大，广播所影响的范围也越来越大，过多的广播不仅占用大量的带宽，而且由于主机收到广播也会进行处理，所以也会影响主机的性能。

另一方面，在用户接入时，还需考虑的一个问题就是用户之间的隔离。这是因为在局域网环境中，一个用户发出的广播信息能够被处于同一广播域的其他用户监听到。接入到局域网的用户之间一般都互不相干，没有互相信任的基础，所以都不希望自己的网络通信被其他的用户所监听，这就要求在接入中要充分考虑各个用户的隔离问题。

路由器可以很好地解决上述问题，在默认情况下，路由器不转发广播信息，所以路由器可以起到隔离广播域的作用，进而隔离不同的局域网，但中低端的路由器通常是基于软件的，数据处理和转发能力远逊于基于硬件且能做到线速转发的交换机。于是工程师就在交换机上开发了 VLAN 技术来解决相关问题。VLAN 不仅保留了交换机线速转发的优点，同时也起到了在不使用路由器的情况下就能隔离广播域的效果，如图 5-2 所示。

VLAN 是一个逻辑上独立的 IP 子网。多个 IP 网络和子网可以通过 VLAN 存在于同一个交换网络上。图 5-2 中为包含四台交换机的网络。为了让同一个 VLAN 上的计算机能相互通信，每台计算机必须具有与该 VLAN 一致的 IP 网络和子网掩码。其中的交换机必须配置 VLAN，并且必须将位于 VLAN 中的每个端口分配给 VLAN。只加入单个 VLAN 的交换机端口称为接入端口。要将多个网络和子网组织到一个交换网络中，不一定要使用 VLAN，但是使用 VLAN 会带来很多好处。

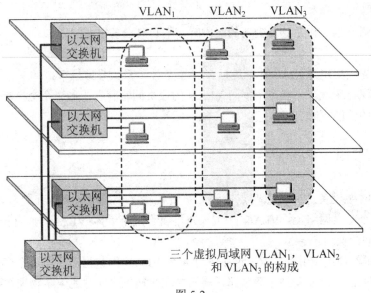

图 5-2

5.1.1 VLAN 的优点

- 安全——含有敏感数据的用户组可与网络的其余部分隔离，从而降低泄露机密信息的可能性。
- 成本降低——成本高昂的网络升级需求减少，现有带宽和上行链路的利用率更高，因此可节约成本。
- 性能提高——将第 2 层网络划分为多个广播域可以减少网络上不必要的流量并提高性能。
- 防范广播风暴——将网络划分为多个 VLAN 可减少受广播风暴影响的设备数量。

5.1.2 VLAN 的实现方式

1. 静态方式

所谓静态方式是指交换机上的端口以手动方式分配给 VLAN。静态 VLAN 通常通过命令行接口配置，也可通过 GUI 管理应用程序完成配置。

（1）优点：

- 易于理解和管理；
- 在一个企业中，对于连接不同交换机的用户，可以创建用户的逻辑分组。

（2）缺点：

- 不够灵活，当工作站移动到新的端口时，必须对用户进行配置；
- 每个端口不能加入多个 VLAN。

2. 动态方式

动态方式的配置需通过一种称为 VLAN 成员策略服务器（VMPS）的特殊服务器完成，VMPS 既可以是专用的服务器，也可以由具有此功能的交换机来实现。使用 VMPS 可以根据连接到交换机端口的设备的源 MAC 地址，动态地将端口分配给 VLAN。当您将主机从网络中一台交换机的端口移到另一台交换机的端口时，第二台交换机会将该主机的端口动态地分配给适当的 VLAN。

（1）优点
- 使用灵活，当工作站移动到新的端口时，不必对设备重新配置。

（2）缺点
- 需要预先收集用户 MAC 地址进行 VLAN 分配，量大导致繁杂；
- 在共享媒体环境下，当多个不同 VLAN 的成员同时存在于同一个交换端口时，可能会导致严重的性能下降。

5.2 VLAN 中继

中继是两台网络设备之间的点对点链路，负责传输多个 VLAN 的流量。VLAN 中继可让 VLAN 扩展到整个交换网络上。VLAN 中继线路不属于某个具体 VLAN，而是作为 VLAN 在交换机或路由器之间的通道。

图 5-3 显示了不使用中继的情况。网络中有 4 个 VLAN 的数据需要在 2 个交换机之间传输，没有中继时，为每个 VLAN 开通一条链路，就需要在交换机之间开通 4 条物理线路，如果 VLAN 数量增大，交换机间需要增加的链路更多，严重消耗交换机端口资源。为了解决这种情况，我们需要 VLAN 中继，如图 5-4 所示。

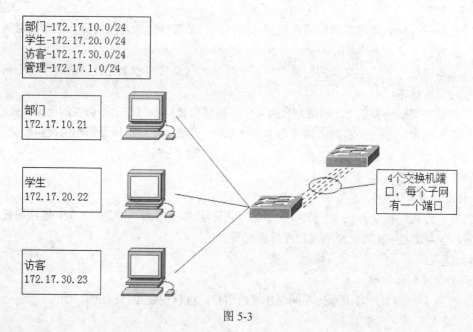

图 5-3

通过使用中继，我们就可以在一条物理链路上传输多个 VLAN 的信息，减少对交换机端口资源的占用。

5.2.1 802.1Q

当以太网帧进入中继时，以太网帧需要额外的信息来标识自己属于哪个 VLAN。这个过程需要使用 802.1Q 封装帧头来实现。这种帧头向原来的以太网帧添加标记，用以指出该帧属于哪个 VLAN，如图 5-5 所示。

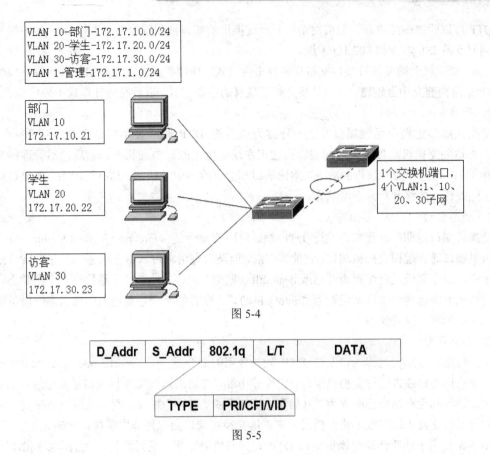

图 5-4

图 5-5

- TYPE：这是一个 2 字节长度的字段，来指出该数据帧类型，目前来说都是 0X8100。这样做的目的是跟传统的以太网数据帧兼容。当不能识别带 VLAN 标记帧的设备接收到该数据帧以后，检查类型字段，发现是一个陌生的值，于是简单丢弃即可。
- PRI：这是一个 3 比特的数据字段，该字段用来表示数据帧的优先级。一共 3 比特可以表示 8 种优先级，利用该字段可以提供一定的服务质量要求。一般情况下，交换机的接口提供几个发送队列，这些队列有不同的发送优先级，在把一个数据帧从该接口发送出去的时候，检查该数据帧的 PRI 字段，根据取值把该数据帧放入相应的队列中，对优先级高的帧，放到优先级高的队列中，这样可以得到优先传输服务。
- CFI：这是一个 1 比特的字段，该字段用在一些环形结构的物理介质网络中，比如令牌环、FDDI 等。
- VID：这就是 802.1Q 数据帧的核心部分，即 VLAN ID，用来表示该数据帧所属的 VLAN，该字段是一个 12 比特长度的字段，这样总共可以表示 4096 个 VLAN，取值范围为 0～4095。但 VLAN 1 用来做默认 VLAN 使用（没有划分到具体 VLAN 中的交换机端口默认情况下都属于 VLAN 1），4095 一般不用，故实际中能使用的只有 4094 个 VLAN。

5.2.2 动态中继协议 DTP

DTP（动态中继协议）是 Cisco 的专有协议。其他厂商的交换机不支持 DTP。当交换机端口上配置了某些中继模式后，此端口上会自动启用 DTP。

DTP 可以管理中继协商，但前提是另一台交换机的端口被配置为某个支持 DTP 的中继模式。DTP 同时支持 ISL 中继和 802.1Q 中继。

Cisco 交换机上的交换机端口支持许多种中继模式。中继模式定义了端口与其对等端口如何使用 DTP 来协商建立中继链路。下面简要介绍了现有的中继模式，以及在每种模式中如何实现 DTP。

1. 开启

交换机端口定期向远程端口发送一种称为通告的 DTP 帧。使用的命令是 switchport mode trunk。本地的交换机端口通告远程端口：它正在动态地更改为中继状态。然后，不管远程端口发出何种 DTP 信息作为对通告的响应，本地端口都会更改为中继状态。这种情况下，本地端口被视为处于无条件（始终开启）中继状态。

2. 动态自动

交换机端口定期向远程端口发送 DTP 帧。使用的命令是 switchport mode dynamic auto。本地的交换机端口通告远程交换机端口：它能够中继，但是没有请求进入中继状态。经过 DTP 协商后，仅当远程端口中继模式已配置为开启或 desirable（期望）时，本地端口才最终进入中继状态。如果两台交换机上的这两个端口都设置为"auto（自动）"，则它们不会协商进入中继状态，而是协商进入接入（非中继）模式状态。

3. 动态期望

交换机端口定期向远程端口发送 DTP 帧。使用的命令是 switchport mode dynamic desirable。本地的交换机端口通告远程交换机端口：它能够中继，并请求远程交换机端口进入中继状态。如果本地端口检测到远程端口已配置为"开启"、"期望"或"自动"模式，则本地端口最终进入中继状态。如果远程交换机端口处于协商模式，则本地交换机端口会保持非中继端口状态。

图 5-6 显示了线路两端交换机端口 DTP 设置与协商结果。通过分析，我们可以判断出图 5-7 的两条交换机间线路最后的协商结果。

	动态自动	动态期望	中继	接入
动态自动	接入	中继	中继	接入
动态期望	中继	中继	中继	接入
中继	中继	中继	中继	不推荐
接入	接入	接入	不推荐	接入

图 5-6

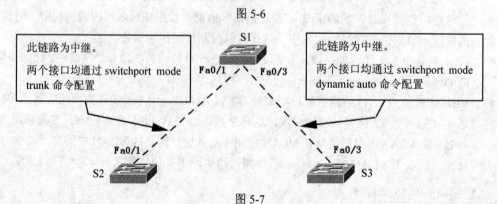

图 5-7

从图 5-7 中，我们可以分析出交换机 S1 和 S2 之间的链路将成为中继链路，而交换机 S1 和 S3 之间的链路将成为访问链路。

5.3 VLAN 的基本配置

VLAN 基本配置分为三个步骤：
1. 创建 VLAN
在交换机全局配置模式下，我们可以创建并命名 VLAN，命令格式如下：
Switch（config）#vlan *vlan id*
Switch（config-vlan）#name *vlan name*
2. 将交换机端口分配到 VLAN 中
Switch（config）#interface *interface id*
Switch（config-if）#switchport mode access
Switch（config-if）#switchport access vlan *vlan id*
3. 配置 VLAN 中继
Switch（config）#interface *interface id*
Switch（config-if）#switchport mode trunk

5.4 VLAN 间通信

前面我们已经讲到 VLAN 是一项在交换设备上隔离广播域的技术，不同的 VLAN 对应着不同的网络，不同的网络对应着不同的子网，所以属于不同 VLAN 的主机，它们的 IP 地址的网络号是不一样的，它们之间的通信就称为 VLAN 间的通信。由于 VLAN 间的通信不属于本地通信，所以需要第三层路由来实现，我们介绍 3 种方式来实现 VLAN 间的通信。

5.4.1 传统路由方式实现 VLAN 间通信

传统路由方式实现 VLAN 间通信如图 5-8 所示。

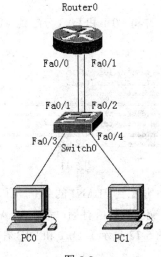

图 5-8

（1）按图 5-8 连接好拓扑图。
（2）按图 5-9 设置好 PC0 和 PC1。

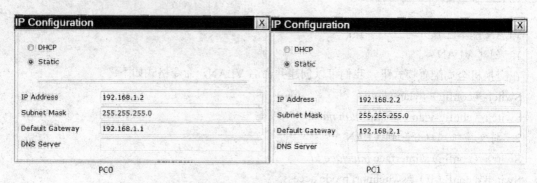

图 5-9

（3）将路由器 F0/0 和 F0/1 的地址分别设置为 192.168.1.1/24 和 192.168.2.1/24，如图 5-10 所示。

```
Router#conf t
Enter configuration commands, one per line.  End with CNTL/Z.
Router(config)#int f0/0
Router(config-if)#ip address 192.168.1.1 255.255.255.0
Router(config-if)#no shut

%LINK-5-CHANGED: Interface FastEthernet0/0, changed state to up

%LINEPROTO-5-UPDOWN: Line protocol on Interface FastEthernet0/0, changed state t
o up

Router(config-if)#int f0/1
Router(config-if)#ip address 192.168.2.1 255.255.255.0
Router(config-if)#no shut

%LINK-5-CHANGED: Interface FastEthernet0/1, changed state to up

%LINEPROTO-5-UPDOWN: Line protocol on Interface FastEthernet0/1, changed state t
o up

Router(config-if)#end
Router#
```

图 5-10

（4）在交换机上创建 VLAN2，并将 F0/1 和 F0/3 分配到 VLAN1，F0/2 和 F0/4 分配到 VLAN2，如图 5-11 所示。

```
Switch(config)#vlan 2
Switch(config-vlan)#exit
Switch(config)#int f0/2
Switch(config-if)#switchport mode access
Switch(config-if)#switchport access vlan 2
Switch(config-if)#int f0/4
Switch(config-if)#switchport mode access
Switch(config-if)#switchport access vlan 2
```

图 5-11

图 5-11 中并没有将 F0/1 和 F0/3 分配到 VLAN1 的命令，原因是 VLAN1 是交换机的默认 VLAN，不能创建也不能删除，默认情况下交换机的所有端口都在 VLAN1 里，通过 show vlan 命令我们可以查看交换机上的 VLAN 情况，图 5-12 显示了 F0/1 和 F0/3 在 VLAN1 里。

```
Switch#show vlan

VLAN Name                             Status     Ports
---- -------------------------------- ---------- -------------------------------
1    default                          active     Fa0/1, Fa0/3, Fa0/5, Fa0/6
                                                 Fa0/7, Fa0/8, Fa0/9, Fa0/10
                                                 Fa0/11, Fa0/12, Fa0/13, Fa0/14
                                                 Fa0/15, Fa0/16, Fa0/17, Fa0/18
                                                 Fa0/19, Fa0/20, Fa0/21, Fa0/22
                                                 Fa0/23, Fa0/24
2    VLAN0002                         active     Fa0/2, Fa0/4
1002 fddi-default                     act/unsup
1003 token-ring-default               act/unsup
1004 fddinet-default                  act/unsup
1005 trnet-default                    act/unsup
```

图 5-12

（5）验证属于不同 VLAN 的 PC0 和 PC1 能否进行通信，如图 5-13 所示。

```
PC>ping 192.168.2.2

Pinging 192.168.2.2 with 32 bytes of data:

Request timed out.
Reply from 192.168.2.2: bytes=32 time=125ms TTL=127
Reply from 192.168.2.2: bytes=32 time=93ms TTL=127
Reply from 192.168.2.2: bytes=32 time=125ms TTL=127

Ping statistics for 192.168.2.2:
    Packets: Sent = 4, Received = 3, Lost = 1 (25% loss),
Approximate round trip times in milli-seconds:
    Minimum = 93ms, Maximum = 125ms, Average = 114ms

PC>tracert 192.168.2.2

Tracing route to 192.168.2.2 over a maximum of 30 hops:

  1   47 ms      63 ms      62 ms      192.168.1.1
  2   125 ms     125 ms     110 ms     192.168.2.2

Trace complete.
```

图 5-13

5.4.2 单臂路由实现 VLAN 间通信

单臂路由实现 VLAN 间通信如图 5-14 所示。

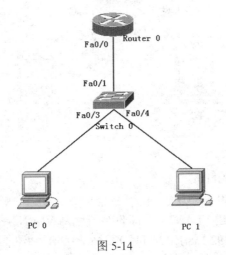

图 5-14

（1）按图 5-14 连接好拓扑图。
（2）按图 5-9 设置好 PC0 和 PC1。
（3）将路由器 F0/0 接口划分出 2 个子接口，地址分别设置为 192.168.1.1/24 和 192.168.2.1/24，分别接收来自 VLAN1 和 VLAN2 的数据，如图 5-15 所示。

```
Router(config)#int f0/0.1
Router(config-subif)#encapsulation dot1q 1
Router(config-subif)#ip address 192.168.1.1 255.255.255.0
Router(config-subif)#no shut
Router(config-subif)#int f0/0.2
Router(config-subif)#encapsulation dot1q 2
Router(config-subif)#ip address 192.168.2.1 255.255.255.0
Router(config-subif)#no shut
```

图 5-15

（4）将交换机 F0/1 设置为中继，创建 VLAN2，将 F0/4 分配到 VLAN2，如图 5-16 所示。

```
Switch(config)#vlan 2
Switch(config-vlan)#exit
Switch(config)#int f0/4
Switch(config-if)#switchport mode access
Switch(config-if)#switchport access vlan 2
Switch(config-if)#int f0/1
Switch(config-if)#switchport mode trunk
```

图 5-16

（5）验证属于不同 VLAN 的 PC0 和 PC1 能否进行通信，如图 5-13 所示。

5.4.3　SVI 实现 VLAN 间通信

SVI 实现 VLAN 间通信如图 5-17 所示。

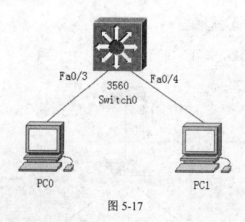

图 5-17

（1）按图 5-17 连接好拓扑图。
（2）按图 5-9 设置好 PC0 和 PC1。
（3）在三层交换机上创建 VLAN2，并将 F0/4 分配到 VLAN2，接着创建 VLAN1 和 VLAN2 的 3 层接口，IP 地址分别为 192.168.1.1/24 和 192.168.2.1/24，如图 5-18 所示。

```
Switch(config)#vlan 2
Switch(config-vlan)#exit
Switch(config)#int f0/4
Switch(config-if)#switchport mode access
Switch(config-if)#switchport access vlan 2
Switch(config-if)#int vlan 1
Switch(config-if)#ip address 192.168.1.1 255.255.255.0
Switch(config-if)#no shut

%LINK-5-CHANGED: Interface Vlan1, changed state to up

%LINEPROTO-5-UPDOWN: Line protocol on Interface Vlan1, changed state to up

Switch(config-if)#int vlan2
Switch(config-if)#
%LINK-5-CHANGED: Interface Vlan2, changed state to up

%LINEPROTO-5-UPDOWN: Line protocol on Interface Vlan2, changed state to up

Switch(config-if)#ip address 192.168.2.1 255.255.255.0
Switch(config-if)#no shut
```

图 5-18

（4）验证属于不同 VLAN 的 PC0 和 PC1 能否进行通信，如图 5-13 所示。

从拓扑图中，我们可以看到网络划分了 4 个 VLAN 来隔离广播域，同时使用路由器和三层交换机实现 VLAN 间的通信。

4 台设备的配置分别为：

1. 交换机 switch0 配置

   switch0(config)#

   switch0(config)#vlan 10

   switch0(config-vlan)#vlan 20

   switch0(config-vlan)#exit

   switch0(config)#int f0/1

   switch0(config-if)#switchport mode trunk

   switch0(config-if)#int f0/2

   switch0(config-if)#switchport mode access

   switch0(config-if)#switchport access vlan 10

   switch0(config-if)#int f0/3

   switch0(config-if)#switchport mode access

   switch0(config-if)#switchport access vlan 20

   switch0(config-if)#exit

   switch0(config)#

2. 交换机 switch1 配置

   switch1(config)#

   switch1(config)#vlan 30

   switch1(config-vlan)#vlan 40

   switch1(config-vlan)#exit

   switch1(config)#int f0/1

switch1(config-if)#switchport mode trunk
switch1(config-if)#int f0/2
switch1(config-if)#switchport mode access
switch1(config-if)#switchport access vlan 30
switch1(config-if)#int f0/3
switch1(config-if)#switchport mode access
switch1(config-if)#switchport access vlan 40
switch1(config-if)#exit
switch1(config)#

3. 路由器 router0 配置

router0(config)#
router0(config)#int f0/0
router0(config-if)#no shut
router0(config-if)#ip address 192.168.5.1 255.255.255.252
router0(config-if)#int f0/1
router0(config-if)#no shut
router0(config-if)#no ip address
router0(config-if)#int f0/1.10
router0(config-subif)#encapsulation dot1Q 10
router0(config-subif)#ip address 192.168.1.1 255.255.255.0
router0(config-subif)#int f0/1.20
router0(config-subif)#encapsulation dot1Q 20
router0(config-subif)#ip address 192.168.2.1 255.255.255.0
router0(config-subif)#exit
router0(config)#ip route 0.0.0.0 0.0.0.0 192.168.5.2
router0(config)#

4. 三层交换机 3560 配置

3560(config)#
3560(config)#vlan 30
3560(config-vlan)#vlan 40
3560(config)#int f0/1
3560(config-if)#no switchport
3560(config-if)#ip address 192.168.5.2 255.255.255.252
3560(config-if)#int vlan 30
3560(config-if)#ip address 192.168.3.1 255.255.255.0
3560(config-if)#int vlan 40
3560(config-if)#ip address 192.168.4.1 255.255.255.0
3560(config-if)#int f0/2
3560(config-if)#switchport mode trunk
3560(config-if)#exit
3560(config)#ip route 0.0.0.0 0.0.0.0 192.168.5.1
3560(config)#

通过以上配置后，我们可以测试不同 VLAN 间的通信。

市场部与财务部和行政部的通信，如图 5-19 所示。

```
PC>ipconfig

IP Address......................: 192.168.2.2
Subnet Mask.....................: 255.255.255.0
Default Gateway.................: 192.168.2.1

PC>ping 192.168.3.2

Pinging 192.168.3.2 with 32 bytes of data:

Reply from 192.168.3.2: bytes=32 time=125ms TTL=126
Reply from 192.168.3.2: bytes=32 time=140ms TTL=126
Reply from 192.168.3.2: bytes=32 time=156ms TTL=126
Reply from 192.168.3.2: bytes=32 time=156ms TTL=126

Ping statistics for 192.168.3.2:
    Packets: Sent = 4, Received = 4, Lost = 0 (0% loss),
Approximate round trip times in milli-seconds:
    Minimum = 125ms, Maximum = 156ms, Average = 144ms

PC>ping 192.168.4.2

Pinging 192.168.4.2 with 32 bytes of data:

Reply from 192.168.4.2: bytes=32 time=109ms TTL=126
Reply from 192.168.4.2: bytes=32 time=156ms TTL=126
Reply from 192.168.4.2: bytes=32 time=156ms TTL=126
Reply from 192.168.4.2: bytes=32 time=156ms TTL=126

Ping statistics for 192.168.4.2:
    Packets: Sent = 4, Received = 4, Lost = 0 (0% loss),
Approximate round trip times in milli-seconds:
    Minimum = 109ms, Maximum = 156ms, Average = 144ms
```

图 5-19

技术部与财务部和行政部通信，如图 5-20 所示。

```
PC>ipconfig

IP Address......................: 192.168.1.2
Subnet Mask.....................: 255.255.255.0
Default Gateway.................: 192.168.1.1

PC>ping 192.168.3.2

Pinging 192.168.3.2 with 32 bytes of data:

Reply from 192.168.3.2: bytes=32 time=172ms TTL=126
Reply from 192.168.3.2: bytes=32 time=156ms TTL=126
Reply from 192.168.3.2: bytes=32 time=156ms TTL=126
Reply from 192.168.3.2: bytes=32 time=156ms TTL=126

Ping statistics for 192.168.3.2:
    Packets: Sent = 4, Received = 4, Lost = 0 (0% loss),
Approximate round trip times in milli-seconds:
    Minimum = 156ms, Maximum = 172ms, Average = 160ms

PC>ping 192.168.4.2

Pinging 192.168.4.2 with 32 bytes of data:

Reply from 192.168.4.2: bytes=32 time=156ms TTL=126
Reply from 192.168.4.2: bytes=32 time=109ms TTL=126
Reply from 192.168.4.2: bytes=32 time=109ms TTL=126
Reply from 192.168.4.2: bytes=32 time=141ms TTL=126

Ping statistics for 192.168.4.2:
    Packets: Sent = 4, Received = 4, Lost = 0 (0% loss),
Approximate round trip times in milli-seconds:
    Minimum = 109ms, Maximum = 156ms, Average = 128ms
```

图 5-20

从图中，我们可以看出各 VLAN 间已经能相互通信。

项目六
冗余网络组建

某企业为了提高网络可靠性，采用了双核心的设计，拓扑图如下图所示，网络中划分了 2 个 VLAN，分别是 VLAN 10 和 VLAN 20，核心交换机 1 和交换机 2 互做备份，共同接收来自接入交换机 3 和交换机 4 的流量，请规划一个既能满足可靠性要求又能提高线路和设备的利用率的配置方案。

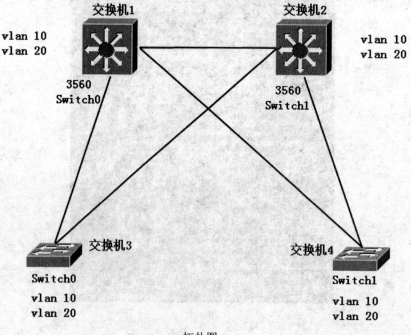

拓扑图

6.1 冗余链路

随着人们生活水平的不断提高，计算机网络逐渐进入到了生产生活的各个方面，人们对网络的依赖也越来越强，这就对网络的可靠性和可用性提出了更高的要求。为了保证网络的高可靠性，我们通常采取冗余设计，提高网络的冗余程度。常见的冗余设计有节点冗余、设备冗余、模块冗余和链路冗余等。

所谓的冗余设计，我们可以理解为备份设计，例如通达同一目的地的链路设计两条，实现同样功能的模块设计两份，等等。

传统的局域网设计一般都采用分层结构，即将网络分为核心层、汇聚层和接入层三个层次，如图 6-1 所示。其中核心层一般使用高端以太网交换机设备，汇聚层一般采用中低端交换机，接入层则一般采用低端交换机来负责；汇聚层完成接入层业务的汇聚，然后送到核心层上传输。

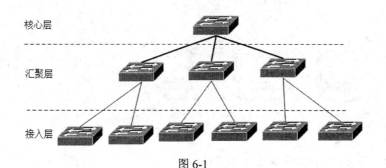

图 6-1

在图 6-1 的拓扑结构中，所有的链路都是单链路，当某条链路出现故障，就会带来网络故障，导致局部范围不能通信或者全网不能通信。为了提高网络的可靠性，在局域网设计中，一般采用冗余链路拓扑结构。如图 6-2 所示，汇聚层和核心层之间采用冗余链路，任何一条链路出现故障，不会影响汇聚层和核心层之间的任何通信。因此，环型链路在局域网中具有提高网络的可靠性、消除单点失效故障等优点。

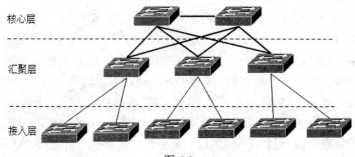

图 6-2

冗余的网络设计在提高网络可靠性方面发挥了重要作用，同时也带来了一些比较严重的问题。

1. 冗余的链路设计可能导致广播风暴

冗余的链路设计导致了第 2 层出现桥接回路，如图 6-3 所示，PC1 向环路网络发送广播帧，结果广播帧在网络中所有互连的交换机之间不断循环，PC4 也向环路网络发送了广播帧，PC4 的广播帧也进入环路，最后和 PC1 的广播帧一样在所有互连的交换机之间不断循环，其他设备发送到网络中的广播帧越来越多，更多的流量进入环路，结果形成广播风暴，当网络被交换机之间的循环广播流量完全占据时，新的流量便被交换机丢弃，因为交换机已经没有能力进行处理。

由于接入网络的设备持续送出广播帧，瞬间便可发展成广播风暴。因此一旦出现环路，网络很快便会瘫痪。

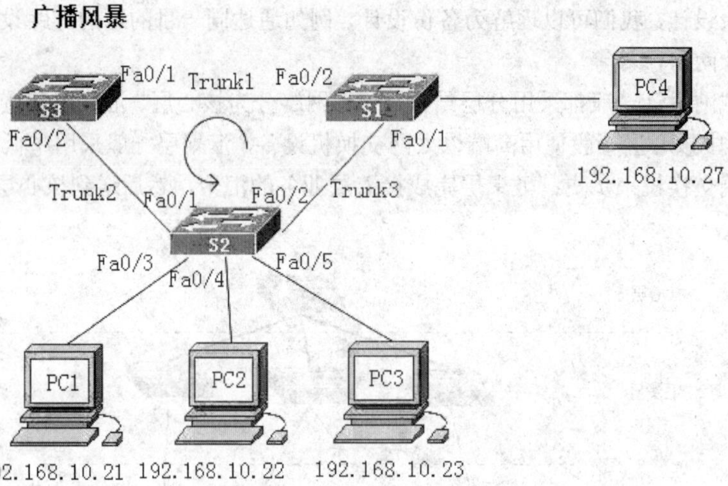

图 6-3

2. 冗余的链路设计可能会导致重复帧错误

广播帧并不是会受环路影响的唯一帧。发送到环路网络的单播帧也可能造成目的设备收到重复的帧。

我们还是以图 6-3 为例，PC1 向 PC4 送出一个单播帧，交换机 S2 的 MAC 地址表中没有关于 PC4 的条目，所以它将该单播帧从所有交换机端口泛洪出去，试图找到 PC4，该帧到达交换机 S1 和 S3，S1 有关于 PC4 的 MAC 地址条目，所以它将该帧转发到 PC4，S3 的 MAC 地址表中也有关于 PC4 的条目，所以它将该单播帧通过 Trunk3 转发到 S1，S1 收到重复的帧，并再次将它转发到 PC4，结果 PC4 收到两个相同的帧。

3. 冗余的链路设计可能会混乱交换机的 MAC 地址表

以图 6-3 为例，PC1 向交换机 S2 发送广播帧，S2 收到广播帧后更新自己的 MAC 地址表，记录下 PC1 可通过端口 F0/11 到达，由于这是一个广播帧，因此 S2 将该帧从所有交换机端口转发出去，包括 Trunk1 和 Trunk2，当广播帧到达交换机 S3 和 S1 后，这两台交换机更新自己的 MAC 地址表，记录 PC1 可通过 S1 的 F0/1 端口以及 S3 的 F0/2 端口到达，由于这是一个广播帧，所以 S3 和 S1 将其从除接收该帧的端口之外的所有交换机端口转发出去，S3 和 S1 相互向对方发送该帧。每台交换机都使用错误的端口更新了 MAC 地址表中有关 PC1 的记录，然后每台交换机再次将广播帧从除接收该帧的端口之外的所有端口转发出去，结果造成这两台交换机都将该帧转发给 S2，S2

收到来自 S3 和 S1 的广播帧后，将使用其中最后一条收到的条目更新自己的 MAC 地址表，此过程不断重复，直到造成该环路的连接实际断开，或者环路中的一台交换机被关闭为止。

6.2 生成树协议 STP

　　冗余的链路设计在解决网络可靠性问题的同时，也导致了第 2 层的桥接回路，进而可能引发广播风暴等严重网络故障，为了解决冗余链路设计所带来的新问题，我们需要使用生成树协议 Spanning Tree Protocol，简称 STP。

　　STP 定义在 IEEE 802.1d 中，运行时会通过阻塞桥接回路上某些端口的方法来达到从逻辑上打破桥接回路。它为网络提供路径冗余，同时防止产生环路。STP 能在网络中部署备份线路，并且保证在主线路正常工作时，备份线路是关闭的；当主线路出现故障时自动使能备份线路，切换数据流。

6.2.1 STP 术语

1. 交换机标识

　　交换机标识用来唯一表示网络上的一台交换机。该标识是由两部分组成的，第一部分是优先级，占 2 字节，取值范围为 0~65535，默认值为 32768；第二部分是交换机的 MAC 地址，占 6 字节，这样的组合就保证了交换机的标识唯一性，即使优先级相同，但每个交换机有唯一的 MAC 地址，这样就可以保证了交换机标识的唯一性。

2. 端口成本和端口优先级

　　生成树协议的最终运行结果表现在交换机上，就是闭塞一些冗余的端口，打开一些端口进行转发。当打开的端口坏掉了，则把闭塞的端口再打开，做到备用。这样就面临一个问题：怎样选择闭塞的端口？

　　一个显而易见的想法是，选择带宽最高的端口进行转发，其他带宽较低的统统闭塞。这样端口成本便成为一个选择的依据。一般情况下，端口成本就是端口带宽的正比例反映。

　　但存在一个问题，就是当两个端口有同样的带宽时，就需要用到另外一个参数——端口优先级。该参数指定，当端口成本相同的时候，优先级高的端口优先闭塞，优先级最低的端口进行转发，这样就保证了转发端口的唯一性。默认情况下，所有端口的优先级是相同的，为 128，为了打破僵局，交换机会参考端口号（端口号在交换机上有唯一性），端口号最低的端口优先进行转发。

3. 根交换机

　　具有最小交换机标识的交换机被选举成根交换机。在同一网络中，有且只有一个根交换机，其他交换机称为非根交换机。根交换机所有端口都不会阻塞，都处于转发状态。

4. 根端口

　　根端口是指非根交换机上通向根交换机累计路径成本最小的端口。根端口只存在于非根交换机上。

5. 指定端口

　　每个物理网段到根交换机累计路径成本最小的端口称为指定端口，该网段通过指定端口向根交换机发送数据包。对于根交换机来说，每个端口都是指定端口。

6. 桥协议数据单元（BPDU）

　　桥协议数据单元（Bridge Protocol Data Unit，简称 BPDU），生成树协议通过在交换机之间每隔

2s 周期性地发送 BPDU 数据帧,用于交换各自交换机的状态信息、选举根交换机和根端口,并为每个物理网段选举指定端口。BPDU 包括配置 BPDU 和拓扑变更通告 BPDU 两种类型。

7. 非指定端口

除去根端口和指定端口之外的其他端口称为非指定端口。非指定端口处于阻塞状态,不转发任何用户数据。

6.2.2 STP 计算过程

STP 使用生成树算法(STA)计算网络中的哪些交换机端口应配置为阻塞才能防止环路形成。STA 首先会根据交换机的网桥 ID(BID)将一台交换机指定为根桥,然后将其用作所有路径计算的参考点。在图 6-4 中,交换机 S1 在选举过程中被选为根桥。所有参与 STP 的交换机互相交换 BPDU 帧,以确定网络中哪台交换机的网桥 ID(BID)最小。BID 最小的交换机将自动成为 STA 计算中的根桥。

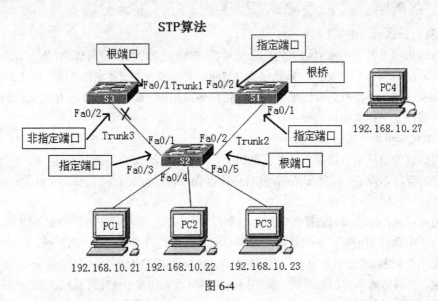

图 6-4

确定根桥后,STA 会计算网络中其他交换机到根桥的最短路径。每台交换机都使用 STA 来确定要阻塞的端口。当 STA 为广播域中的所有目的地确定到达根桥的最佳路径时,网络中的所有流量都会停止转发。STA 在确定要开放的路径时,会同时考虑路径开销和端口开销。路径开销是根据端口开销值计算出来的,而端口开销值与给定路径上的每个交换机端口的端口速度相关联,图 6-5 显示了不同链路速度的端口开销值。端口开销值的总和决定了到达根桥的路径总开销。如果可供选择的路径不止一条,STA 会选择路径开销最低的路径。

链路速度	开销(订购后的 IEEE 规模)	开销(之前的 IEEE 规模)
10 GB/s	2	1
1 GB/s	4	1
100 MB/s	19	10
10 MB/s	100	100

图 6-5

STA 确定了哪些路径要保留为可用之后，它会将交换机端口配置为不同的端口角色。端口角色描述了网络中端口与根桥的关系，以及端口是否能转发流量。

生成树协议的计算分四个过程：

1. 选举根交换机

STP 计算的第一个过程是选举根桥。根桥是所有生成树路径开销计算的基础，用于防止环路的各种端口角色也是基于根桥而分配的。

根桥选举在交换机完成启动时或者网络中检测到路径故障时触发。一开始，所有交换机端口都配置为阻塞状态，此状态默认情况下会持续 20 秒。这样做可以确保 STP 有时间来计算最佳根路径并将所有交换机端口配置为特定的角色，避免在完成这一切之前形成环路。当交换机端口处于阻塞状态时，它们仍可以发送和接收 BPDU 帧，以便继续执行生成树根选举。

一开始，网络中的所有交换机都会假设自己是广播域内的根桥。交换机在网络上泛洪的 BPDU 帧包含的根 ID 与自己的 BID 字段匹配，这表明每台交换机都将自己视为根桥。系统会根据默认的 hello 计时器值，每 2 秒发送一次 BPDU 帧。

每台交换机从邻居交换机收到 BPDU 帧时，都会将所收到 BPDU 帧内的根 ID 与本地配置的根 ID 进行比较。最终，具有最小交换机 ID 的交换机将成为公认的根桥。

2. 选举非根交换机的根端口

在根交换机确定下来后，需要为每个非根交换机选择一个根端口，根端口是指从一个非根交换机到根交换机总开销最小的路径所经过的本地端口。如果这样的端口有多个，则比较端口上所连接的上行交换机的交换机标识，值越小越优先；如果端口上所连接的上行交换机的交换机标识相同，则比较端口上所连接的上行端口的端口标识，值越小越优先。

3. 选举网段的指定端口

当交换机确定了根端口后，还必须将剩余端口配置为指定端口（DP）或非指定端口（非 DP），交换网络中的每个网段只能有一个指定端口。当两个非根端口的交换机端口连接到同一个 LAN 网段时，会发生竞争端口角色的情况。这两台交换机会交换 BPDU 帧，以确定哪个交换机端口是指定端口，哪一个是非指定端口。

指定端口是指每个网段转发发往根交换机累计路径开销最小的端口。选举物理网段的指定端口时，首先比较连接该网段的所有端口到达根交换机的累计路径开销，开销最小的端口为该网段的指定端口；如果存在多个端口具有相同的最小开销，则比较端口所属交换机的交换机标识，值越小越优先；如果交换机标识也相同，则比较所连接端口的端口标识，值越小越优先。对于根交换机来说，所有端口都是所连网段的指定端口。

4. 阻塞非指定端口

既不是根端口也不是指定端口的交换机端口称为非指定端口。非指定端口不转发数据，处于阻塞状态。STP 计算的最终结果就是阻塞非指定端口。

6.2.3 端口状态

交换机完成启动后，生成树便立即确定。如果交换机端口直接从阻塞转换到转发状态，而交换机此时并不了解所有拓扑信息时，该端口可能会暂时造成数据环路。为此，STP 引入了五种端口状态。图 6-6 描述了每种端口状态的行为，图 6-7 说明了端口的状态转换。

过程	阻塞	侦听	学习	转发	禁用
接收并处理 NPDU	能	能	能	能	不能
转发借口上收到的数据帧	不能	不能	不能	能	不能
转发其他借口交换过来的数据帧	不能	不能	不能	能	不能
学习 MAC 地址	不能	不能	能	能	不能

图 6-6

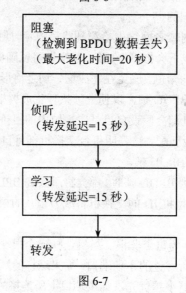

图 6-7

- 阻塞——blocking，该端口是非指定端口，不参与帧转发。此类端口接收 BPDU 帧来确定根桥交换机的位置和根 ID，以及最终的活动 STP 拓扑中每个交换机端口扮演的端口角色。
- 侦听——listening，STP 根据交换机迄今收到的 BPDU 帧，确定该端口可参与帧转发。此时，该交换机端口不仅会接收 BPDU 帧，还会发送自己的 BPDU 帧，通知邻接交换机此交换机端口正准备参与活动拓扑。
- 学习——learning，端口准备参与帧转发，并开始填充 MAC 地址表。
- 转发——forwording，该端口是活动拓扑的一部分，会转发帧，也会发送和接收 BPDU 帧。
- 禁用——disable，该第 2 层端口不参与生成树，不会转发帧。当管理性关闭交换机端口时，端口即进入禁用状态。

6.3 MSTP

6.3.1 传统 STP 问题

对于冗余交换网络来说，使用 STP 可以避免环路带来的影响，但通过 STP 计算的生成树都是单生成树。这样就会导致在网络正常的情况下，一些链路处于空闲状态，降低了线路的利用效率；另一方面，由于 VLAN 技术的产生，用户希望能根据不同的 VLAN 或者 VLAN 组使用不同的生成树。为了解决以上两个问题，提出了多生成树协议（Multiple Spanning Tree Protocol，简称 MSTP）。

MSTP 是 IEEE 802.1s 提出的一种 STP 和 VLAN 结合使用的新协议，它既继承了 RSTP 端口快速迁移的优点，又解决了 RSTP 中不同 VLAN 必须运行在同一棵生成树上的问题。

6.3.2 MSTP 术语

与 STP 相比，MSTP 中引入了"实例"（instance）的概念。所谓"实例"就是多个 VLAN 的一个集合，在 MSTP 中，每个实例生成一棵生成树。这种通过将多个 VLAN 捆绑到一个实例中去的方法可以节省通信开销和资源占用率。MSTP 各个实例拓扑的计算是独立的，在这些实例上可以实现负载均衡。使用的时候，可以把多个相同拓扑结构的 VLAN 映射到某一个实例中，这些 VLAN 在端口上的转发状态将取决于对应实例在 MSTP 里的转发状态。

6.3.3 MSTP 配置

1. MSTP 基本配置命令

（1）配置 STP 的模式

Switch(config)# spanning-tree mode mst

将交换机当前的生成树模式改为 mstp

（2）进入 MSTP 配置模式

Switch(config)# spanning-tree mst configuration

（3）创建实例

Switch(config-mst)#instance *instance-id* vlan *vlan-id*

（4）将交换机定为某实例的主/次根交换机

Switch(config)#spanning-tree mst *instance-id* root [primary/secondary]

（5）调整实例优先级

Switch(config)#spanning-tree mst *instance-id* priority *priority*

2. MSTP 负载均衡（见图 6-8）

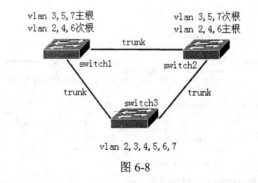

图 6-8

（1）交换机 switch1 的配置

    Switch1(config)# spanning-tree mode mst
    Switch1(config)# spanning-tree mst configuration
    Switch1(config-mst)#instance 1 vlan 3,5,7
    Switch1(config-mst)#instance 2 vlan 2,4,6
    Switch1(config)#spanning-tree mst 1 root primary
    Switch1(config)#spanning-tree mst 2 root secondary

（2）交换机 switch2 的配置

    Switch2(config)# spanning-tree mode mst

Switch2(config)# spanning-tree mst configuration
Switch2(config-mst)#instance 1 vlan 3,5,7
Switch2(config-mst)#instance 2 vlan 2,4,6
Switch2(config)#spanning-tree mst 1 root secondary
Switch2(config)#spanning-tree mst 2 root primary

项目实施

本项目拓扑图中网络采用了双核心设计，如果不考虑流量的负载均衡，正常情况下将由交换机 1 来承担所有的流量转发，而交换机 2 将处于仅用于备份的空闲状态，没有数据转发，为了在满足备份的前提下提高利用率，我们可以采用多生成树协议（MSTP）来进行负载均衡。思路是让交换机 1 为 VLAN 10 提供流量转发，而交换机 2 为 VLAN 20 提供流量转发。为了实现这个想法，我们可以将交换机 1 固定为 VLAN 10 的根，而将交换机 2 固定为 VLAN 20 的根。具体的配置如图 6-9 和图 6-10 所示。

```
switch1(config)#
switch1(config)#spanning-tree vlan 10 root primary
switch1(config)#spanning-tree vlan 20 root secondary
```

图 6-9

```
switch2(config)#
switch2(config)#spanning-tree vlan 10 root secondary
switch2(config)#spanning-tree vlan 20 root primary
```

图 6-10

通过图 6-9 和图 6-10 的配置，我们就将交换机 1 固定成了 VLAN 10 的根，将交换机 2 固定成了 VLAN 20 的根，图 6-11 到图 6-14 显示了 4 个交换机上关于 VLAN 10 和 VLAN 20 的生成树。

```
switch1#show spanning-tree vlan 10
VLAN0010
  Spanning tree enabled protocol ieee
  Root ID    Priority    16394
             Address     0060.3E48.C822
             This bridge is the root
             Hello Time  2 sec  Max Age 20 sec  Forward Delay 15 sec

  Bridge ID  Priority    16394  (priority 16384 sys-id-ext 10)
             Address     0060.3E48.C822
             Hello Time  2 sec  Max Age 20 sec  Forward Delay 15 sec
             Aging Time  20

Interface        Role Sts Cost      Prio.Nbr Type
---------------- ---- --- --------- -------- --------------------------------
Fa0/2            Desg FWD 19        128.2    P2p
Fa0/3            Desg FWD 19        128.3    P2p
Fa0/1            Desg FWD 19        128.1    P2p

switch1#show spanning-tree vlan 20
VLAN0020
  Spanning tree enabled protocol ieee
  Root ID    Priority    16404
             Address     0030.F25C.B596
             Cost        19
             Port        1(FastEthernet0/1)
             Hello Time  2 sec  Max Age 20 sec  Forward Delay 15 sec

  Bridge ID  Priority    24596  (priority 24576 sys-id-ext 20)
             Address     0060.3E48.C822
             Hello Time  2 sec  Max Age 20 sec  Forward Delay 15 sec
             Aging Time  20

Interface        Role Sts Cost      Prio.Nbr Type
---------------- ---- --- --------- -------- --------------------------------
Fa0/2            Desg FWD 19        128.2    P2p
Fa0/3            Desg FWD 19        128.3    P2p
Fa0/1            Root FWD 19        128.1    P2p
```

图 6-11

```
switch2#show spanning-tree vlan 10
VLAN0010
  Spanning tree enabled protocol ieee
  Root ID    Priority    16394
             Address     0060.3E48.C822
             Cost        19
             Port        1(FastEthernet0/1)
             Hello Time  2 sec  Max Age 20 sec  Forward Delay 15 sec

  Bridge ID  Priority    24586  (priority 24576 sys-id-ext 10)
             Address     0030.F25C.B596
             Hello Time  2 sec  Max Age 20 sec  Forward Delay 15 sec
             Aging Time  20

Interface       Role Sts Cost      Prio.Nbr Type
---------------- ---- --- ---------  -------- --------------------------------
Fa0/1           Root FWD 19         128.1    P2p
Fa0/3           Desg FWD 19         128.3    P2p
Fa0/2           Desg FWD 19         128.2    P2p

switch2#show spanning-tree vlan 20
VLAN0020
  Spanning tree enabled protocol ieee
  Root ID    Priority    16404
             Address     0030.F25C.B596
             This bridge is the root
             Hello Time  2 sec  Max Age 20 sec  Forward Delay 15 sec

  Bridge ID  Priority    16404  (priority 16384 sys-id-ext 20)
             Address     0030.F25C.B596
             Hello Time  2 sec  Max Age 20 sec  Forward Delay 15 sec
             Aging Time  20

Interface       Role Sts Cost      Prio.Nbr Type
---------------- ---- --- ---------  -------- --------------------------------
Fa0/1           Desg FWD 19         128.1    P2p
Fa0/3           Desg FWD 19         128.3    P2p
Fa0/2           Desg FWD 19         128.2    P2p
```

图 6-12

```
switch3#show spanning-tree vlan 10
VLAN0010
  Spanning tree enabled protocol ieee
  Root ID    Priority    16394
             Address     0060.3E48.C822
             Cost        19
             Port        1(FastEthernet0/1)
             Hello Time  2 sec  Max Age 20 sec  Forward Delay 15 sec

  Bridge ID  Priority    32778  (priority 32768 sys-id-ext 10)
             Address     0030.A313.5214
             Hello Time  2 sec  Max Age 20 sec  Forward Delay 15 sec
             Aging Time  20

Interface       Role Sts Cost      Prio.Nbr Type
---------------- ---- --- ---------  -------- --------------------------------
Fa0/2           Altn BLK 19         128.2    P2p
Fa0/1           Root FWD 19         128.1    P2p

switch3#show spanning-tree vlan 20
VLAN0020
  Spanning tree enabled protocol ieee
  Root ID    Priority    16404
             Address     0030.F25C.B596
             Cost        19
             Port        2(FastEthernet0/2)
             Hello Time  2 sec  Max Age 20 sec  Forward Delay 15 sec

  Bridge ID  Priority    32788  (priority 32768 sys-id-ext 20)
             Address     0030.A313.5214
             Hello Time  2 sec  Max Age 20 sec  Forward Delay 15 sec
             Aging Time  20

Interface       Role Sts Cost      Prio.Nbr Type
---------------- ---- --- ---------  -------- --------------------------------
Fa0/2           Root FWD 19         128.2    P2p
Fa0/1           Altn BLK 19         128.1    P2p
```

图 6-13

```
switch4#show spanning-tree vlan 10
VLAN0010
  Spanning tree enabled protocol ieee
  Root ID    Priority    16394
             Address     0060.3E48.C822
             Cost        19
             Port        2(FastEthernet0/2)
             Hello Time  2 sec  Max Age 20 sec  Forward Delay 15 sec

  Bridge ID  Priority    32778   (priority 32768 sys-id-ext 10)
             Address     00D0.973E.E286
             Hello Time  2 sec  Max Age 20 sec  Forward Delay 15 sec
             Aging Time  20

Interface       Role Sts Cost      Prio.Nbr Type
---------------- ---- --- --------- -------- --------------------------------
Fa0/1           Altn BLK 19        128.1    P2p
Fa0/2           Root FWD 19        128.2    P2p

switch4#show spanning-tree vlan 20
VLAN0020
  Spanning tree enabled protocol ieee
  Root ID    Priority    16404
             Address     0030.F25C.B596
             Cost        19
             Port        1(FastEthernet0/1)
             Hello Time  2 sec  Max Age 20 sec  Forward Delay 15 sec

  Bridge ID  Priority    32788   (priority 32768 sys-id-ext 20)
             Address     00D0.973E.E286
             Hello Time  2 sec  Max Age 20 sec  Forward Delay 15 sec
             Aging Time  20

Interface       Role Sts Cost      Prio.Nbr Type
---------------- ---- --- --------- -------- --------------------------------
Fa0/1           Root FWD 19        128.1    P2p
Fa0/2           Altn BLK 19        128.2    P2p
```

图 6-14

通过以上的配置操作，我们在满足备份的情况下也实现了设备和线路的负载均衡。

项目七
静态路由

索思科技是一家从事小家电批发零售的小型企业，公司网络拓扑如下图所示，为了提高网络性能，公司在交换机上实施了 VLAN 划分以隔离广播域，同时为了满足部门间的互通，使用了单臂路由的解决方案。由于市场瞬息万变，为了及时掌握市场的最新供应和需求信息，公司计划连入互联网，并希望在满足需求的情况下成本能最低同时也能很好地保护现有网络投资。

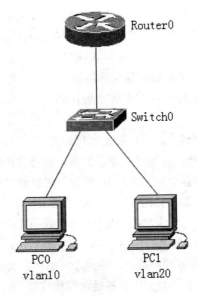

拓扑图

7.1 路由基础

7.1.1 路由器角色

路由器是一种经过特殊优化处理的计算机，在所有网络的运行中都扮演着极为重要的角色。路由器主要负责连接各个网络，它的功能有：

- 计算发送数据包的最佳路径
- 将数据包转发到目的地

由于路由器的主要转发决定是根据第 3 层 IP 数据包（即根据目的 IP 地址）做出的，因此路由器被视为第 3 层设备。做出决定的过程称为路由。

路由器在收到数据包时会检查其目的 IP 地址。如果目的 IP 地址不属于路由器直连的任何网络，则路由器会将该数据包转发到另一路由器。在图 7-1 中，R1 会检查数据包的目的 IP 地址。搜索路由表后，R1 将数据包转发到 R2。R2 收到数据包时也会检查该数据包的目的 IP 地址，在搜索自身的路由表后，将数据包通过与 R2 直连的以太网转发到 PC2。

图 7-1

每个路由器在收到数据包后，都会搜索自身的路由表，寻找数据包目的 IP 地址与路由表中网络地址的最佳匹配。如果找到匹配项，就将数据包封装到对应外发接口的第 2 层数据链路帧中。数据链路封装的类型取决于接口的类型，如以太网接口或串行接口。

最后，数据包到达与目的 IP 地址相匹配的网络中的路由器。在图 7-1 中，路由器 R2 收到来自 R1 的数据包。然后 R2 会确定与目的设备 PC2 处在同一网络的以太网接口，并将数据包从该接口转发出去。

路由器在第 3 层做出主要转发决定，但正如我们前面所见，它也参与第 1 层和第 2 层的过程。路由器检查完数据包的 IP 地址，并通过查询路由表做出转发决定后，它可以将该数据包从相应接口朝其目的地转发出去。路由器会将第 3 层 IP 数据包封装到对应送出接口的第 2 层数据链路帧的数据部分。第 2 层帧会编码成第 1 层物理信号，这些信号用于表示物理链路上传输的比特。

图 7-2 显示了路由器的 3 层工作方式。PC1 工作在所有七个层次，它会封装数据，并把帧作为编码后的比特流发送到默认网关 R1。

R1 在相应接口接收编码后的比特流。比特流经过解码后上传到第 2 层，在此由 R1 将帧解封。路由器会检查数据链路帧的目的地址，确定其是否与接收接口匹配。如果与帧的数据部分匹配，则 IP 数据包将上传到第 3 层，在此由 R1 做出路由决定。然后 R1 将数据包重新封装到新的第 2 层数据链路帧中，并将它作为编码后的比特流从出站端口转发出去。

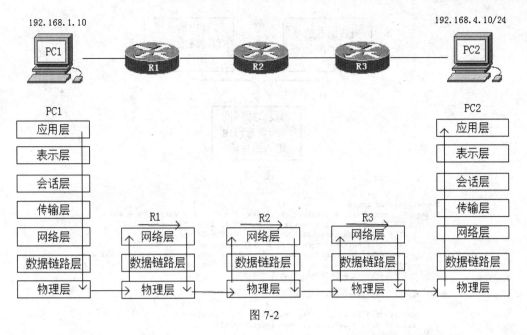

图 7-2

R2 收到比特流，然后重复上一过程。R2 解封帧，再将帧的数据部分（IP 数据包）传递给第 3 层，在此 R2 做出路由决定。然后 R2 将数据包重新封装到新的第 2 层数据链路帧中，并将它作为编码后的比特流从出站端口转发出去。

路由器 R3 再次重复这一过程，它将封装到数据链路帧中且编码成比特流的 IP 数据包转发到 PC2。

从源到目的地这一路径中，每个路由器都执行相同的过程，包括解封、查询路由表、重新封装。

7.1.2 路由分类

正如前面所介绍的，路由器是经过特殊优化处理的计算机，主要功能是为数据包寻找路径和进行数据转发。为了实现这个功能，路由器必须要有自己的路由，按照不同的分类标准，我们可以对路由进行不同的分类。

1. 按照产生的方式分类

根据路由信息产生的方式和特点，路由可以被分为直连路由、静态路由、缺省路由和动态路由几种。

（1）直连路由

所谓直连路由是指到达与路由器直接相连网络的路径信息。直连路由是由链路层协议发现的，一般指去往路由器的接口地址所在网段的路径，该路径信息不需要网络管理员维护，也不需要路由器通过某种算法进行计算获得，只要该接口配置好第 3 层信息并处于活动状态，路由器就会把通向该网段的路由信息填写到路由表中去，如图 7-3 所示。

直连路由的代码为 C，图 7-4 显示了路由表中的直连路由。直连路由会随接口的状态变化在路由表中自动变化。当接口的物理层与数据链路层状态正常时，此直连路由会自动出现在路由表中。当路由器检测到此接口坏掉后，此条路由会自动消失。

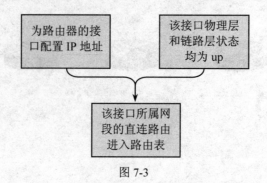

图 7-3

```
Router#show ip route
Codes: C - connected, S - static, I - IGRP, R - RIP, M - mobile, B - BGP
       D - EIGRP, EX - EIGRP external, O - OSPF, IA - OSPF inter area
       N1 - OSPF NSSA external type 1, N2 - OSPF NSSA external type 2
       E1 - OSPF external type 1, E2 - OSPF external type 2, E - EGP
       i - IS-IS, L1 - IS-IS level-1, L2 - IS-IS level-2, ia - IS-IS inter area
       * - candidate default, U - per-user static route, o - ODR
       P - periodic downloaded static route

Gateway of last resort is not set

C    192.168.1.0/24 is directly connected, FastEthernet0/0
C    192.168.2.0/24 is directly connected, FastEthernet0/1
```

图 7-4

既然直连路由不能帮助路由器解决非直连网络的路由问题,那么解决非直连网络的路由问题就要通过静态路由或者动态路由来完成。

(2) 静态路由

由系统管理员手工设置的路由称为静态路由。一般是在系统安装时,就根据网络的配置情况预先设定的。它不会随未来网络拓扑结构的改变而自动变化。静态路由的优点是不占用网络和系统资源,并且安全可靠;缺点是当一个网络故障发生后,静态路由不会自动修正,不能自动对网络状态变化做出相应的调整,必须由管理员介入,需要手工逐条配置。图 7-5 显示了静态路由。

```
Router#show ip route
Codes: C - connected, S - static, I - IGRP, R - RIP, M - mobile, B - BGP
       D - EIGRP, EX - EIGRP external, O - OSPF, IA - OSPF inter area
       N1 - OSPF NSSA external type 1, N2 - OSPF NSSA external type 2
       E1 - OSPF external type 1, E2 - OSPF external type 2, E - EGP
       i - IS-IS, L1 - IS-IS level-1, L2 - IS-IS level-2, ia - IS-IS inter area
       * - candidate default, U - per-user static route, o - ODR
       P - periodic downloaded static route

Gateway of last resort is not set

C    192.168.1.0/24 is directly connected, FastEthernet0/0
C    192.168.2.0/24 is directly connected, FastEthernet0/1
S    192.168.3.0/24 [1/0] via 192.168.1.2
```

图 7-5

(3) 默认路由

默认路由用来指明在路由器的路由表中不存在明确目标路由的数据包的转发路径。对于在路由表中找不到明确路由条目的所有的数据包都将按照默认路由指定的接口和下一跳地址进行转发。

在路由表中,默认路由以到网络 0.0.0.0 (掩码为 0.0.0.0) 的路由形式出现。如果报文的目的地址不能与路由表的任何明确的目标路由条目匹配,那么该报文将选取默认路由。如果没有默认路由且报文的目的地址不在路由表中,该报文将被丢弃。同时,需向源端返回一个 ICMP 报文,指出该目的地址或网络不可达。

默认路由在多个目标网络存在相同的下一跳网络中是非常有用的。在这种网络中，使用默认路由可以大大缩小路由表的条目数，缩短查找路由花费的时间。图 7-6 显示了默认路由。

```
Router#show ip route
Codes: C - connected, S - static, I - IGRP, R - RIP, M - mobile, B - BGP
       D - EIGRP, EX - EIGRP external, O - OSPF, IA - OSPF inter area
       N1 - OSPF NSSA external type 1, N2 - OSPF NSSA external type 2
       E1 - OSPF external type 1, E2 - OSPF external type 2, E - EGP
       i - IS-IS, L1 - IS-IS level-1, L2 - IS-IS level-2, ia - IS-IS inter area
       * - candidate default, U - per-user static route, o - ODR
       P - periodic downloaded static route

Gateway of last resort is 192.168.2.2 to network 0.0.0.0

C    192.168.1.0/24 is directly connected, FastEthernet0/0
C    192.168.2.0/24 is directly connected, FastEthernet0/1
S    192.168.3.0/24 [1/0] via 192.168.1.2
S*   0.0.0.0/0 [1/0] via 192.168.2.2
```

图 7-6

（4）动态路由

动态路由协议通过算法计算路由信息，并生成和维护转发 IP 数据包需要的路由表。当网络拓扑结构改变时，动态路由协议可以自动更新路由表，并负责决定数据传输的最佳路径。动态路由协议的优点是可以自动适应网络状态的变化，自动维护路由信息而不需要网络管理员的参与；其缺点是需要占用一定的网络带宽与系统资源，安全性也不如静态路由。在有冗余连接的复杂网络环境中，适合采用动态路由协议。图 7-7 显示了动态路由。

```
Router#show ip route
Codes: C - connected, S - static, I - IGRP, R - RIP, M - mobile, B - BGP
       D - EIGRP, EX - EIGRP external, O - OSPF, IA - OSPF inter area
       N1 - OSPF NSSA external type 1, N2 - OSPF NSSA external type 2
       E1 - OSPF external type 1, E2 - OSPF external type 2, E - EGP
       i - IS-IS, L1 - IS-IS level-1, L2 - IS-IS level-2, ia - IS-IS inter area
       * - candidate default, U - per-user static route, o - ODR
       P - periodic downloaded static route

Gateway of last resort is 192.168.2.2 to network 0.0.0.0

C    192.168.1.0/24 is directly connected, FastEthernet0/0
C    192.168.2.0/24 is directly connected, FastEthernet0/1
S    192.168.3.0/24 [1/0] via 192.168.1.2
R    192.168.6.0/24 [120/1] via 192.168.2.2, 00:00:03, FastEthernet0/1
S*   0.0.0.0/0 [1/0] via 192.168.2.2
```

图 7-7

2. 按路由应用范围分类

由于因特网的规模非常大，如果让所有的路由器都知道所有的网络应怎样到达，则路由器的路由表将非常大，并且这些路由器之间交换路由信息所需的带宽会使因特网的通信链路受限而饱和。因此，因特网将整个网络划分为许多较小的自治系统（AS）。一个自治系统是一个运营商经营和管理的广域网（或城域网）。自治系统最重要的特点就是有权自主地决定在本系统内应采用何种路由选择协议。一个自治系统内的所有网络通常都属于一个行政单位来管辖。

路由协议按照使用范围可以分为内部网关协议（Interior Gateway Protocol，简称 IGP）和外部网关协议（External Gateway Protocol，简称 EGP）。在自治系统内部使用的路由协议称为内部网关协议；在自治系统之间使用的路由协议称为外部网关协议。IGP 与 EGP 的区分如图 7-8 所示。

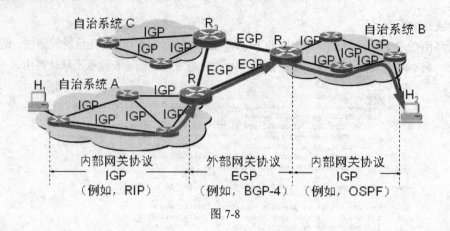

图 7-8

内部网关协议（IGP）是目前使用得最多的路由选择协议，如 RIP、OSPF、IGRP、EIGRP 和 IS-IS 都属于内部网关协议。外部网关协议（EGP）使用最多的是 BGP-4。

3. 按照算法进行分类

动态路由按照算法进行分类，可以分为距离矢量算法（Distance-Vector）和链路状态算法（Link-State）两大类路由协议。运行距离矢量路由协议的每个路由器维护一张矢量表，表中列出了当前已知的到每个目标的最佳距离，以及所使用的线路。通过在邻居之间相互交换信息，路由器不断地更新它们内部的表。距离矢量路由协议包括 RIP、IGRP、EIGRP 和 BGP。

链路状态路由选择协议又称为最短路径优先协议，它基于 Edsger Dijkstra 的最短路径优先（SPF）算法。它比距离矢量路由协议复杂，根据路由器的链路状态信息（包括链路类型、带宽、开销等）进行最优路径的计算。链路状态路由协议包括 OSPF、IS-IS 等。

7.1.3 管理距离

在同一网络中可以使用多个动态路由协议，虽然这种情况不常见。在某些情况下，有必要使用多个路由协议（如 RIP 和 OSPF）来路由同一网络地址。由于不同的路由协议使用不同的度量（例如，RIP 使用跳数，而 OSPF 使用带宽），因此，不能通过比较度量值来确定最佳路径。

那么，当路由器从多个路由协议获取到同一网络的路由信息时，将如何确定在路由表中添加哪条路由？图 7-9 显示了网络中路由器 R2 既可以通过 RIP 学习到 192.168.6.0/24 这个网络，也可以通过 EIGRP 学习到同一个网络，但是这两个协议报告的下一跳是不同的，RIP 告诉路由器 R2 到 192.168.6.0/24 网络的下一跳是路由器 R3，而 EIGRP 告诉路由器 R2 到 192.168.6.0/24 网络的下一跳是路由器 R1，此时路由器 R2 应该相信哪个路由协议报告的到 192.168.6.0/24 这个网络的下一跳呢？换句话说，路由器应该将哪一条到 192.168.6.0/24 这个网络的路由加入到路由表中呢？

管理距离定义了路由来源的优先级别。对于每个路由来源（包括特定路由协议、静态路由又或是直连网络），使用管理距离值按从高到低的优选顺序来排定优先级。如果从多个不同的路由来源获取到同一目的网络的路由信息，路由器会使用管理距离来选择最佳路径。

管理距离是从 0～255 的整数值。值越低表示路由来源的优先级别越高。管理距离值为 0 表示优先级别最高。只有直连网络的管理距离为 0，而且这个值不能更改。图 7-10 显示了常见路由来源的管理距离。

静态路由 项目七

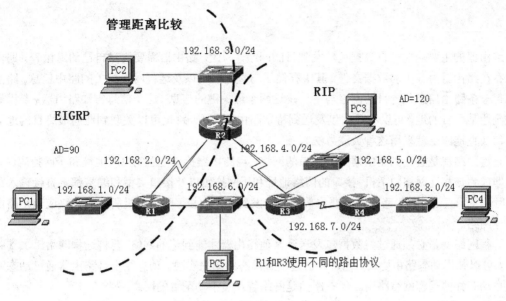

图 7-9

路由来源	管理距离
相连	0
静态	1
EIGRP 总结路由	5
外部 BGP	20
内部 EIGRP	90
IGRP	100
OSPF	110
IS-IS	115
RIP	120
外部 EIGRP	170
内部 BGP	200

图 7-10

从图 7-10 中，我们可以看到 RIP 的管理距离是 120，EIGRP 的管理距离是 90，根据管理距离的定义，图 7-9 中路由器 R2 应该相信 EIGRP 报告的关于 192.168.6.0/24 这条路由，图 7-11 显示了路由器 R2 的路由表，表中显示了到 192.168.6.0/24 这个网络的下一跳正是路由器 R1。

```
R2#show ip route
(省略部分输出)

Gateway of last resort is not set

D    192.168.1.0/24 [90/2172416] via 192.168.2.1, 00:00:24, Serial0/0/0
C    192.168.2.0/24 is directly connected, Serial0/0/0
C    192.168.3.0/24 is directly connected, FastEthernet0/0
C    192.168.4.0/24 is directly connected, Serial0/0/1
R    192.168.5.0/24 [120/1] via 192.168.4.1, 00:00:08, Serial0/0/1
D    192.168.6.0/24 [90/2172416] via 192.168.2.1, 00:00:24, Serial0/0/0
R    192.168.7.0/24 [120/1] via 192.168.4.1, 00:00:08, Serial0/0/1
R    192.168.8.0/24 [120/2] via 192.168.4.1, 00:00:08, Serial0/0/1
```

图 7-11

7.1.4 路由表

路由器的主要功能是将数据包转发到目的网络，为此，路由器需要构建自己的路由表。路由表是保存在路由器内存中的数据文件，其中存储了与直连网络以及远程网络相关的路由信息。路由表中的每一条路由信息包含目的网络与下一跳这两个最关键的信息。这个信息告知路由器：要以最佳方式到达某一目的地，可以将数据包发送到特定路由器。下一跳也可以关联到通向最终目的地的送出接口（直连路由就采用这种关联方法）。

直连网络就是直连到路由器某一接口的网络。当路由器接口配置有 IP 地址和子网掩码时，此接口即成为该相连网络的主机。接口的网络地址和子网掩码以及接口类型和编号都将直接输入路由表，用于表示直连网络。路由器若要将数据包转发到某一主机，则该主机所在的网络应该是路由器的直连网络。

远程网络就是必须通过将数据包发送到其他路由器才能到达的网络。要将远程网络添加到路由表中，可以使用动态路由协议，也可以通过配置静态路由来实现。动态路由是路由器通过动态路由协议自动获知的远程网络路由。静态路由是网络管理员手动配置的网络路由。

我们可以通过 show ip route 这个命令来查看路由器的路由表，如图 7-12 所示。

```
R1#show ip route
Codes:  C - connected, S - static, I - IGRP, R - RIP, M - mobile, B - BGP
        D - EIGRP, EX - EIGRP external, O - OSPF, IA - OSPF inter area
        N1 - OSPF NSSA external type 1, N2 - OSPF NSSA external type 2
        E1 - OSPF external type 1, E2 - OSPF external type 2, E - EGP
        i - IS-IS, L1 - IS-IS level-1, L2 - IS-IS level-2, ia - IS-IS inter
        area
        * - candidate default, U - per-user static route, o - ODR
        P - periodic downloaded static route
Gateway of last resort is not set
C    192.168.1.0/24 is directly connected, FastEthernet0/0
C    192.168.2.0/24 is directly connected, Serial0/0/0
S    192.168.3.0/24 [1/0] via 192.168.2.2
R    192.168.4.0/24 [120/1] via 192.168.2.2, 00:00:20, Serial0/0/0
```

图 7-12

图 7-12 中显示了 4 条路由，其中 2 条直连路由，1 条静态路由，1 条 RIP 动态路由。我们以图 7-12 中的 RIP 路由来说明 1 条路由中所包含各部分信息的含义。

- R——此列中的信息指示路由信息的来源是直连网络、动态路由还是动态路由协议。R 表示 RIP 学习到的路由。
- 192.168.4.0/24——这是直连网络或远程网络的网络地址和子网掩码。在本例中，192.168.4.0/24 是远程网络。
- [120/1]——方框中的 120 表示 RIP 的管理距离是 120，1 代表是度量值，RIP 是以跳数来作为度量值，所以这里的 1 代表 1 跳。
- Via 192.168.2.2——说明的是下一跳。表示要到达 192.168.4.0/24 这个网络，就必须将数据包送到 192.168.2.2 这个下一跳地址。
- Serial0/0/0——路由条目末尾的信息，表示送出接口。

7.1.5 路由原理与查找规则

1. 路由原理

（1）每台路由器根据其自身路由表中的信息独立作出决策。

（2）一台路由器的路由表中包含某些信息并不表示其他路由器也包含相同的信息。
（3）路由表中看到的每一条路由信息都是单向的，并不代表返回路径的路由信息。

2. 路由查找规则

（1）递归查找

在图 7-12 中，第 3 条到 192.168.3.0/24 这个网络的路由下一跳显示为 192.168.2.2，当路由器收到 1 个目的地址是 192.168.3.10 的数据包时，路由器先查询到这条路由，准备将数据包发到 192.168.2.2，为了将数据包发到 192.168.2.2，路由器再做一次路由查询，找到 192.168.2.0/24 Serial0/0/0 这条直连路由，这时路由器将到 192.168.3.10 的这个数据包从 Serial0/0/0 接口送出去，这个过程经历了两次路由查询，这就是路由的递归查找。

（2）最长匹配规则

最长匹配规则是指路由表中与数据包的目的 IP 地址从最左侧开始存在最多匹配位数的路由。通常情况下，最左侧有着最多匹配位数（最长匹配）的路由总是首选路由。

在图 7-13 中我们看到一个目的地址为 172.18.0.10 的数据包。路由表中的许多路由都可能会与该数据包的目的 IP 地址匹配。图中显示了三条都与该数据包匹配的路由：172.18.0.0/12、172.18.0.0/18 和 172.18.0.0/26。三条路由中，172.18.0.0/26 路由的匹配位数最长。所以，此数据包将会根据第 3 条路由的下一跳来进行转发。

数据包目的 IP 地址	172.18.0.10	10101100.00010010.00000000.00001010
路由 1	172.18.0.10/12	10101100.00010010.00000000.00000000
路由 2	172.18.0.10/18	10101100.00010010.00000000.00000000
路由 3	172.18.0.10/26	10101100.00010010.00000000.00000000

图 7-13

7.2 静态路由

7.2.1 带下一跳地址的静态路由

配置静态路由的命令是 ip route。配置静态路由的完整语法是：

Router(config)#ip route prefix mask {ip-address | interface-type interface-number [ip-address]} [distance] [name] [permanent] [tag tag]

以上大部分参数都不常用，我们将使用更为简单的语法结构：

Router(config)#ip route *network-address subnet-mask* {*ip-address* | *exit-interface* }

此结构中用到了以下参数：

network-address——要加入路由表的远程网络的目的网络地址。

subnet-mask——要加入路由表的远程网络的子网掩码。

此外，还必须使用以下两个参数中的至少一个：

ip-address——一般指下一跳路由器的 IP 地址。

exit-interface——将数据包转发到目的网络时使用的送出接口。

图 7-14 中有 5 条路由，对于路由器 R1 来说，只有 2 条是直连的，分别是 172.16.3.0/24 和

172.16.2.0/24,如图 7-15 所示。我们可以用静态路由来为路由器 R1 补全另外 3 条远程网络路由,如图 7-16 所示。

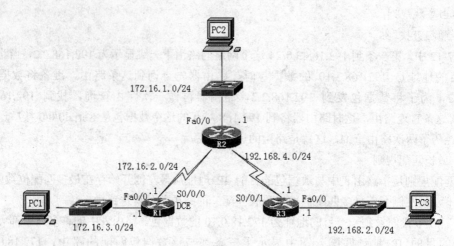

图 7-14

```
R1#
R1#
R1#show ip route
Codes: C - connected, S - static, I - IGRP, R - RIP, M - mobile, B - BGP
       D - EIGRP, EX - EIGRP external, O - OSPF, IA - OSPF inter area
       N1 - OSPF NSSA external type 1, N2 - OSPF NSSA external type 2
       E1 - OSPF external type 1, E2 - OSPF external type 2, E - EGP
       i - IS-IS, L1 - IS-IS level-1, L2 - IS-IS level-2, ia - IS-IS inter area
       * - candidate default, U - per-user static route, o - ODR
       P - periodic downloaded static route

Gateway of last resort is not set

     172.16.0.0/24 is subnetted, 2 subnets
C       172.16.2.0 is directly connected, Serial0/0/0
C       172.16.3.0 is directly connected, FastEthernet0/0
R1#
```

图 7-15

```
R1(config)#
R1(config)#ip route 172.16.1.0 255.255.255.0 172.16.2.2
R1(config)#ip route 192.168.1.0 255.255.255.0 172.16.2.2
R1(config)#ip route 192.168.2.0 255.255.255.0 172.16.2.2
R1(config)#
```

图 7-16

图 7-17 显示的是路由器 R1 的完整路由。

```
R1#show ip route
Codes: C - connected, S - static, I - IGRP, R - RIP, M - mobile, B - BGP
       D - EIGRP, EX - EIGRP external, O - OSPF, IA - OSPF inter area
       N1 - OSPF NSSA external type 1, N2 - OSPF NSSA external type 2
       E1 - OSPF external type 1, E2 - OSPF external type 2, E - EGP
       i - IS-IS, L1 - IS-IS level-1, L2 - IS-IS level-2, ia - IS-IS inter area
       * - candidate default, U - per-user static route, o - ODR
       P - periodic downloaded static route

Gateway of last resort is not set

     172.16.0.0/24 is subnetted, 3 subnets
S       172.16.1.0 [1/0] via 172.16.2.2
C       172.16.2.0 is directly connected, Serial0/0/0
C       172.16.3.0 is directly connected, FastEthernet0/0
S    192.168.1.0/24 [1/0] via 172.16.2.2
S    192.168.2.0/24 [1/0] via 172.16.2.2
R1#
```

图 7-17

7.2.2 带送出接口的静态路由

从下面的静态路由配置命令语法中，我们知道除了带下一跳的静态路由配置方法以外，还可以配置带送出接口的静态路由。

Router(config)#ip route *network-address subnet-mask* {*ip-address* | *exit-interface* }

还是以图 7-14 为例来配置带送出接口的静态路由，我们仍然需要为路由器 R1 添加 3 条静态路由，具体的配置如图 7-18 所示。

```
R1(config)#
R1(config)#ip route 172.16.1.0 255.255.255.0 s0/0/0
R1(config)#ip route 192.168.1.0 255.255.255.0 s0/0/0
R1(config)#ip route 192.168.2.0 255.255.255.0 s0/0/0
R1(config)#
```

图 7-18

图 7-19 显示了路由器 R1 的完整路由，可以明显地看出与图 7-17 的区别。

```
R1#show ip route
Codes: C - connected, S - static, I - IGRP, R - RIP, M - mobile, B - BGP
       D - EIGRP, EX - EIGRP external, O - OSPF, IA - OSPF inter area
       N1 - OSPF NSSA external type 1, N2 - OSPF NSSA external type 2
       E1 - OSPF external type 1, E2 - OSPF external type 2, E - EGP
       i - IS-IS, L1 - IS-IS level-1, L2 - IS-IS level-2, ia - IS-IS inter area
       * - candidate default, U - per-user static route, o - ODR
       P - periodic downloaded static route

Gateway of last resort is not set

     172.16.0.0/24 is subnetted, 3 subnets
S       172.16.1.0 is directly connected, Serial0/0/0
C       172.16.2.0 is directly connected, Serial0/0/0
C       172.16.3.0 is directly connected, FastEthernet0/0
S    192.168.1.0/24 is directly connected, Serial0/0/0
S    192.168.2.0/24 is directly connected, Serial0/0/0
R1#
```

图 7-19

7.2.3 默认路由

配置默认路由的语法类似于配置静态路由，但网络地址和子网掩码均为 0.0.0.0：

Router(config)#ip route 0.0.0.0 0.0.0.0 [*exit-interface* | *ip-address*]

0.0.0.0 0.0.0.0 网络地址和掩码也称为"全零"路由。

在前面的例子中，我们为图 7-14 中路由器 R1 配置的 3 条静态路由都具有相同的下一跳 172.16.2.2 和相同的送出接口 S0/0/0，所以我们可以用一条静态路由来代替这 3 条路由，配置命令如图 7-20 所示。

```
R1(config)#
R1(config)#ip route 0.0.0.0 0.0.0.0 172.16.2.2
R1(config)#
```

图 7-20

图 7-21 显示了配置默认路由后路由器 R1 的路由表。

```
R1#
R1#show ip route
Codes: C - connected, S - static, I - IGRP, R - RIP, M - mobile, B - BGP
       D - EIGRP, EX - EIGRP external, O - OSPF, IA - OSPF inter area
       N1 - OSPF NSSA external type 1, N2 - OSPF NSSA external type 2
       E1 - OSPF external type 1, E2 - OSPF external type 2, E - EGP
       i - IS-IS, L1 - IS-IS level-1, L2 - IS-IS level-2, ia - IS-IS inter area
       * - candidate default, U - per-user static route, o - ODR
       P - periodic downloaded static route

Gateway of last resort is 172.16.2.2 to network 0.0.0.0

     172.16.0.0/24 is subnetted, 2 subnets
C       172.16.2.0 is directly connected, Serial0/0/0
C       172.16.3.0 is directly connected, FastEthernet0/0
S*   0.0.0.0/0 [1/0] via 172.16.2.2
R1#
```

图 7-21

根据用户需求，在客户现有网络的基础上，成本最低的解决方案是直接向 ISP 申请一条线路连接客户现有的路由器，通过在路由器上添加路由来实现客户内网接入互联网，具体网络设计如图 7-22 所示。

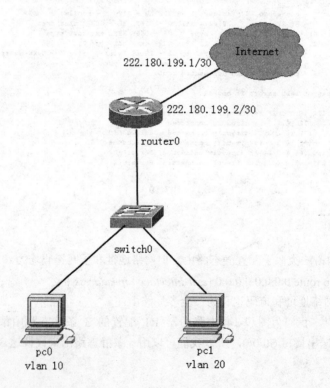

图 7-22

当从 ISP 申请的接入线路连接上公司路由器后，我们就可以对路由器进行路由配置。由于担心客户的网络发生震荡进而引起 ISP 核心网络的不稳定，通常情况下 ISP 不愿意与客户的网络进行路由信息的交换，所以 ISP 与客户间的路由一般采用静态路由。同时客户网络通常为末梢网络，所以可以采用静态路由中的特例——默认路由来代替。具体的配置方法见图 7-23。

```
Router(config)#
Router(config)#int f0/0
Router(config-if)#ip address 222.180.199.2 255.255.255.252
Router(config-if)#exit
Router(config)#ip route 0.0.0.0 0.0.0.0 222.180.199.1
Router(config)#
```

图 7-23

通过查看路由器的路由表，我们可以看到路由表中除了已有的 VLAN 间的直连路由以外，还有一条通向互联网的特殊静态路由，如图 7-24 所示。

```
Router#show ip route
Codes: C - connected, S - static, I - IGRP, R - RIP, M - mobile, B - BGP
       D - EIGRP, EX - EIGRP external, O - OSPF, IA - OSPF inter area
       N1 - OSPF NSSA external type 1, N2 - OSPF NSSA external type 2
       E1 - OSPF external type 1, E2 - OSPF external type 2, E - EGP
       i - IS-IS, L1 - IS-IS level-1, L2 - IS-IS level-2, ia - IS-IS inter area
       * - candidate default, U - per-user static route, o - ODR
       P - periodic downloaded static route

Gateway of last resort is 222.180.199.1 to network 0.0.0.0

C    192.168.1.0/24 is directly connected, FastEthernet0/1.1
C    192.168.2.0/24 is directly connected, FastEthernet0/1.2
     222.180.199.0/30 is subnetted, 1 subnets
C       222.180.199.0 is directly connected, FastEthernet0/0
S*   0.0.0.0/0 [1/0] via 222.180.199.1
```

图 7-24

关于客户网络中 VLAN 的实施与单臂路由实现 VLAN 间通信的内容，我们已经在前面的项目进行了介绍，这里不再重复。

同时客户网络内部采用了私有地址，为了能正常访问互联网，还需要做网络地址转换，此部分内容请参考项目十二。

项目八
路由信息协议 RIP

利达科技有限公司与骏达科技有限公司均为从事办公设备销售的小型企业,各自依托自身的优势赢得了一定的市场份额。面对日益激烈的市场竞争环境,两家公司都意识到规模化经营才能降低成本,提升效益,加之两家公司的优势互补性较强,经过接触谈判很快就达成了公司合并的意向。两家企业以前都有各自的企业内部网络,拓扑图分别如下所示,为了使合并后的新公司内部办公更高效,需要将两家企业以前的网络进行整合,请给出在保护现有投资的基础上网络整合的有效方案。

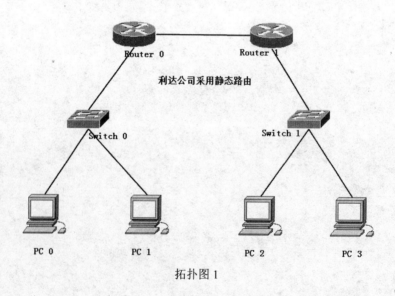

拓扑图1

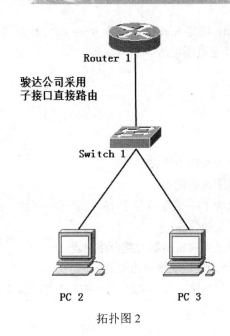

拓扑图 2

8.1 RIP 概述

距离矢量路由协议基于贝尔曼—福特算法（简称 D-V 算法）。使用 D-V 算法的路由器通常以一定的时间间隔向相邻的路由器发送它们完整的路由表。接收到路由表的邻居路由器将收到的路由表和自己的路由表进行比较，新的路由或到已知网络但开销（Metric）更小的路由都被加入到路由表中。相邻路由器然后再继续向外广播它自己的路由表（包括更新后的路由）。距离矢量路由器关心的是到目的网段的距离（Metric）和矢量（方向，从哪个接口转发数据）。在发送数据前，路由协议计算到达目的网段的 Metric；在收到邻居路由器通告的路由时，将学到的网段信息和收到此网段信息的接口关联起来。以后有数据要转发到这个网段就使用这个关联的接口。

RIP 是 Routing Information Protocol（路由信息协议）的简称。RIP 是最早出现的一种路由协议，它最初发源于 UNIX 系统的 GATED 服务，在 RFC 1508 文档中对 RIP 进行了描述。RIP 系统的开发是以 XEROX Palo Alto 研究中心（PARC）所进行的研究和 XEROX 的 PDU 和 XNC 路由选择协议为基础的。但是 RIP 的广泛应用却得益于它在加利福尼亚大学伯克利分校的许多局域网中的实现。

RIP 是一种相对简单的动态路由协议，但在实际中有着广泛的应用。RIP 是一种基于 D-V 算法的路由协议，它通过 UDP 交换路由信息，每隔 30 秒向外发送一次更新报文。如果路由器经过 180 秒没有收到来自对端的路由更新报文，则将所有来自此路由器的路由信息标志为不可达；如果在其后 120 秒内仍未收到更新报文，就将该条路由从路由表中删除。

RIP 使用跳数（Hop Count）来衡量到达目的网络的距离，称为路由度量（Routing Metric）。在 RIP 中，路由器到与它直接相连网络的跳数为 0，通过一个路由器可达的网络的跳数为 1，其余依此类推。为限制收敛时间，RIP 规定 Metric 取值为 0～15 之间的整数，大于或等于 16 的跳数被定义为无穷大，即目的网络或主机不可达。

8.2 RIP 特点

RIP 协议具有以下特点：
- RIP 属于典型的距离矢量路由协议；
- RIP 通过跳数来衡量距离的优劣；
- RIP 允许的最大跳数为 15，大于或等于 16 时表示不可达；
- RIP 仅和相邻路由器交换信息；
- RIP 交换的路由信息是当前路由器的整个路由表；
- RIP 协议每隔 30 秒周期性地交换路由信息；
- RIP 协议适用于中小型网络，分为 RIPv1 和 RIPv2 两个版本。

8.3 路由学习方法

1. RIP 路由表的初始化

路由器在刚刚开始工作时，只知道到自己直连接口的路由（直连路由），在 RIP 中将直连路由的距离定义为 0。在图 8-1 中，3 台路由器仅仅知道与它们直接连接的网络信息。

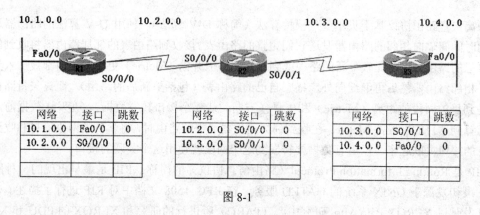

图 8-1

2. RIP 初次路由交换

在 RIP 协议中，路由器每隔 30 秒周期性地向其邻居路由器发送自己的完整的路由表信息，并且同样也从相邻的路由器接收路由信息，然后更新自己的路由表。

如图 8-2 所示，所有 3 台路由器都向其邻居发送各自的路由表，此时路由表仅包含直连网络。每台路由器处理更新的方式如下：

R1
将有关网络 10.1.0.0 的更新从 Serial0/0/0 接口发送出去
将有关网络 10.2.0.0 的更新从 FastEthernet0/0 接口发送出去

接收来自 R2 的有关网络 10.3.0.0 且度量为 1 的更新
在路由表中存储网络 10.3.0.0，度量为 1

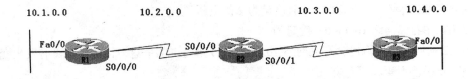

图 8-2

R2
将有关网络 10.3.0.0 的更新从 Serial0/0/0 接口发送出去
将有关网络 10.2.0.0 的更新从 Serial0/0/1 接口发送出去
接收来自 R1 的有关网络 10.1.0.0 且度量为 1 的更新
在路由表中存储网络 10.1.0.0，度量为 1
接收来自 R3 的有关网络 10.4.0.0 且度量为 1 的更新
在路由表中存储网络 10.4.0.0，度量为 1

R3
将有关网络 10.4.0.0 的更新从 Serial0/0/0 接口发送出去
将有关网络 10.3.0.0 的更新从 FastEthernet0/0 发送出去
接收来自 R2 的有关网络 10.2.0.0 且度量为 1 的更新
在路由表中存储网络 10.2.0.0，度量为 1

3．路由信息交换

经过初次路由更新后，路由器已经获知与其直连的网络，以及与其邻居相连的网络。接着路由器开始交换下一轮的定期更新，并继续收敛。每台路由器再次检查更新并从中找出新信息，如图 8-3 所示。

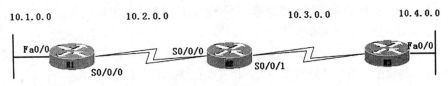

图 8-3

R1

将有关网络 10.1.0.0 的更新从 Serial0/0/0 接口发送出去。

将有关网络 10.2.0.0 和 10.3.0.0 的更新从 FastEthernet0/0 接口发送出去。

接收来自 R2 的有关网络 10.4.0.0 且度量为 2 的更新。

在路由表中存储网络 10.4.0.0，度量为 2。

来自 R2 的同一个更新包含有关网络 10.3.0.0 且度量为 1 的信息。因为网络没有发生变化，所以该路由信息保留不变。

R2

将有关网络 10.1.0.0 和 10.2.0.0 的更新从 Serial0/0/1 接口发送出去。

将有关网络 10.3.0.0 和 10.4.0.0 的更新从 Serial0/0/0 接口发送出去。

接收来自 R1 的有关网络 10.1.0.0 的更新。因为网络没有发生变化，所以该路由信息保留不变。

接收来自 R3 的有关网络 10.4.0.0 的更新。因为网络没有发生变化，所以该路由信息保留不变。

R3

将有关网络 10.4.0.0 的更新从 Serial0/0/0 接口发送出去。

将有关网络 10.2.0.0 和 10.3.0.0 的更新从 FastEthernet0/0 接口发送出去。

接收来自 R2 的有关网络 10.1.0.0 且度量为 2 的更新。

在路由表中存储网络 10.1.0.0，度量为 2。

来自 R2 的同一个更新包含有关网络 10.2.0.0 且度量为 1 的信息。因为网络没有发生变化，所以该路由信息保留不变。

路由收敛后，每个路由器都学习到了全网的路由。

8.4 路由环路

路由环路是指数据包在路由器之间不断传输却始终无法到达其预期目的网络的一种现象。当两台或多台路由器的路由信息中存在错误地指向不可达目的网络的有效路径时，就可能发生路由环路。

造成环路的原因有很多，下面列举了一些可能的原因：

- 静态路由配置错误
- 路由重分发配置错误
- 发生了改变的网络中收敛速度缓慢，不一致的路由表未能得到更新
- 错误配置或添加了丢弃的路由

距离矢量路由协议的工作方式比较简单，其简单性导致它容易存在诸如路由环路之类的缺陷。在链路状态路由协议中，路由环路较为少见，但在某些情况下也会发生。

如图 8-4 所示的网络，在网络发生故障之前，所有的路由器都具有正确一致的路由表，网络是收敛的，比如到达 10.4.0.0 的路由信息在各个路由器中都是正确的。

当网络 10.4.0.0 发生故障，路由器 R3 最先收到故障信息，路由器 R3 把网络 10.4.0.0 设为不可达，如图 8-5 所示，并等待更新周期到来通告这一路由变化给相邻路由器。

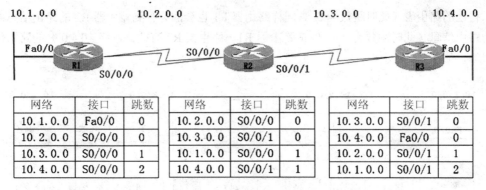

图 8-4

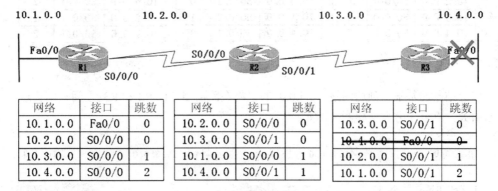

图 8-5

如果路由器 R2 的路由更新周期在路由器 R3 之前到来，路由器 R2 这时送路由更新（该更新信息包里包含了到网络 10.4.0.0 的路由信息，跳数为 1），路由器 R3 就会接收该信息（因为接收到的路由更新信息里的关于网络 10.4.0.0 的路由比自己的要好），并将到网络 10.4.0.0 的路由添加到自己路由表里，此时，路由器 R3 更新到达网络 10.4.0.0 的路由，下一跳指向 R2，且跳数为 2，如图 8-6 所示。

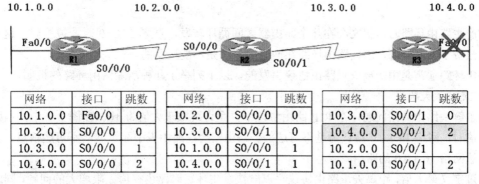

图 8-6

到这个时刻，仅有路由器 R3 的信息出现错误，但是在下一个更新周期到来之后，路由器 R2 收到来自路由器 R3 的路由表，因为和路由表里原有的路由信息属于同一个端口，所以就会接收，并放入自己的路由表（此时跳数为 3）。同样路由器 R1 也会因为收到路由器 R2 的路由信息而更新自己的路由信息（此时跳数为 4），但是路由器 R1、路由器 R2 有关该网络 10.4.0.0 的路由信息都是错误的，如图 8-7 所示。

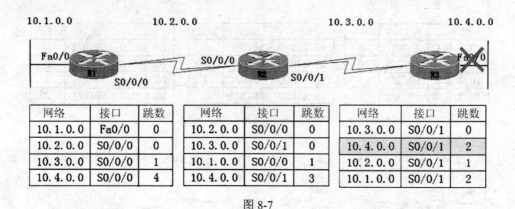

图 8-7

在以上结果的基础上到达网络 10.4.0.0 的包将在路由器 R1、R2 和 R3 之间来回传送，导致跳数不断增大，直至无穷大，如图 8-8 所示。

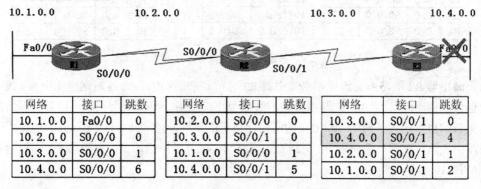

图 8-8

当产生路由环路时，报文会在几个路由器之间循环转发，直到 TTL=0 时才被丢弃，这种现象极大地浪费了网络资源，因此路由环路在网络建设中是不能接受的。

路由环路通常是由距离矢量路由协议引发的，以下列举了几种消除路由环路的机制。

1. 定义最大跳数

为了解决路由环路问题，在 RIP 路由协议中，允许跳数最大值为 16。在图 8-9 中，当跳数到达最大值时，网络 10.4.0.0 被认为是不可达的。路由器会在路由表中显示网络不可达信息，并不再更新到达网络 10.4.0.0 的路由。

通过定义最大值，距离矢量路由协议可以解决发生环路时路由权值无限增大的问题，同时也校正了错误的路由信息。但是，在最大权值到达之前，路由环路还是会存在。也就是说，定义最大值只是补救措施，不能避免环路产生，只能减轻路由环路产生的危害。

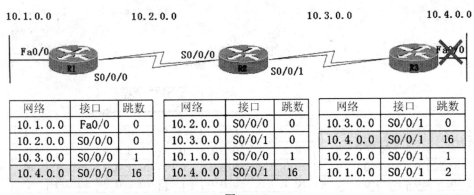

图 8-9

2. 纯水平分割

水平分割是在距离矢量路由协议中最常用的避免环路发生的解决方案之一。水平分割认为产生路由环路的原因，是路由器将从某个邻居学到的路由信息又告诉了这个邻居。因此，水平分割规定：路由器从某个接口上接收到某条路由信息之后，将不再通过该接口去宣告这条路由信息。这种解决路由环路问题所采取的方法被称为"水平分割"方法。如图 8-10 所示，在 R2 中关于 10.4.0.0 的路由是通过 R2 的 S0/0/1 接口学习到的，R2 在 S0/0/1 接口发送路由更新时，不再发送关于 10.4.0.0 的路由信息，这样就可以避免路由环路的产生。同样，路由器 R1 从 S0/0/0 接口接收到网络 10.4.0.0 的路由信息，它就不会又在 S0/0/0 接口宣告该网络的路由信息。这样也避免了路由器 R1 出现路由错误。

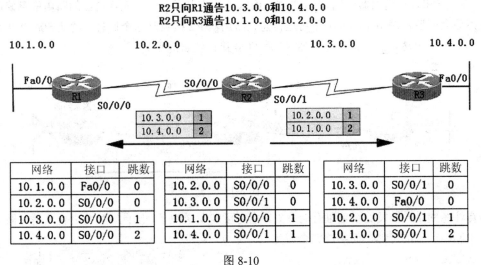

图 8-10

3. 带毒性反转的水平分割

带毒性反转的水平分割原理是：路由器从某个接口上接收到某个网段的路由信息之后，并不是不往回发送信息了，而是发送，只不过是将这个网段标志为不可达，再发送出去。收到此种的路由信息后，接收方路由器会立刻抛弃该路由，而不是等待其老化时间到。这样可以加速路由的收敛。原理如图 8-11 所示。

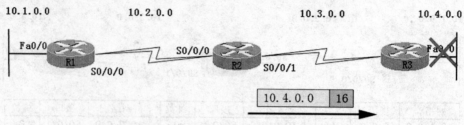

图 8-11

4. 触发更新

再次研究路由环路的产生原因时,除了已经谈到的原因之外,出现问题的原因也在于路由器 R3 没有及时将不可到达网络的消息传送给路由器 R1 和路由器 R2。如果假设路由器 R3 发现网络故障之后,不再等待更新周期到来,就立即发送路由更新信息,则可以避免产生路由环路问题,这就是触发更新机制。

触发更新机制是在路由信息产生某些改变时,立即发送给相邻路由器一种称为触发更新的信息。路由器检测到网络拓扑变化,立即依次发送触发更新信息给相邻路由器,如果每个路由器都这样做,这个更新会很快传播到整个网络。

在图 8-12 中,当路由器 R3 检测到网络 10.4.0.0 出现故障后,首先将自己的路由信息修改为不可达,然后立即通告网络 10.4.0.0 不可达信息,路由器 R2 接收到这个信息,就从 S0/0/0 接口发出网络 10.4.0.0 不可达信息,依次路由器 R1 从 F0/0 接口通告此信息。

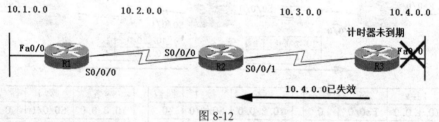

图 8-12

值得注意的是,触发更新包可有能丢失,也有可能发送晚了。因此,触发更新只是在概率上降低了路由回路产生的可能,而不能完全避免。

8.5 RIP 配置

1. RIP 基本配置

RIP 的配置分为两个步骤:

(1)启动 RIP

启动 RIP 的命令语法是

Router(config)#router rip

（2）宣告直连的主类网络

宣告直连的主类网络的命令语法是

Router（config-router）#network *directly-connected-classful-network-address*

下面以图 8-13 的拓扑为例说明 RIP 的配置。

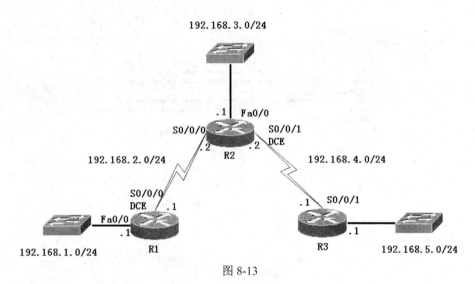

图 8-13

路由器 R1、R2、R3 关于 RIP 的配置分别如图 8-14、图 8-15、8-16 所示。

```
R1(config)#router rip
R1(config-router)#network 192.168.1.0
R1(config-router)#network 192.168.2.0
```

图 8-14

```
R2(config)#router rip
R2(config-router)#network 192.168.2.0
R2(config-router)#network 192.168.3.0
R2(config-router)#network 192.168.4.0
```

图 8-15

```
R3(config)#router rip
R3(config-router)#network 192.168.4.0
R3(config-router)#network 192.168.5.0
```

图 8-16

2. RIP 检查

常用于检查路由故障的操作是查看路由表和查看路由协议。

（1）查看路由表

在路由器上查看路由表的命令是 show ip route，如图 8-17 所示，我们可以看到路由器 R1 的路由表。

（2）查看路由协议

在路由器上查看路由协议的命令是 show ip protocols，如图 8-18 所示，我们可以看到路由器 R2 上运行的路由协议是 RIP。

```
R1#show ip route
Codes: C - connected, S - static, I - IGRP, R - RIP, M - mobile, B - BGP
(省略部分输出)

Gateway of last resort is not set

R    192.168.4.0/24 [120/1] via 192.168.2.2, 00:00:02, Serial0/0/0
R    192.168.5.0/24 [120/2] via 192.168.2.2, 00:00:02, Serial0/0/0
C    192.168.1.0/24 is directly connected, FastEthernet0/0
C    192.168.2.0/24 is directly connected, Serial0/0/0
R    192.168.3.0/24 [120/1] via 192.168.2.2, 00:00:02, Serial0/0/0
```

图 8-17

```
R2#show ip protocols
Routing Protocol is "rip"
  Sending updates every 30 seconds, next due in 23 seconds
  Invalid after 180 seconds, hold down 180, flushed after 240
  Outgoing update filter list for all interfaces is not set
  Incoming update filter list for all interfaces is not set
  Redistributing: rip
  Default version control: send version 1, receive any version
    Interface          Send  Recv  Triggered RIP  Key-chain
    FastEthernet0/0     1     1 2
    Serial0/0/0         1     1 2
    Serial0/0/1         1     1 2
  Automatic network summarization is in effect
  Maximum path: 4
  Routing for Networks:
    192.168.2.0
    192.168.3.0
    192.168.4.0
  Routing Information Sources:
    Gateway         Distance      Last Update
    192.168.2.1     120           00:00:18
    192.168.4.1     120           00:00:22
  Distance: (default is 120)
```

图 8-18

8.6　RIPv2

RIP 有 2 个版本，分别是 RIPv1 和 RIPv2。

1. RIPv1

（1）RIPv1 的报文格式

RIPv1 的报文格式如图 8-19 所示。

Command 命令	Version 版本	Set to all zeros 必须为零
Address Family Identifier 地址类型标识符		Set to all zeros 必须为零
IP Address IP 地址		
0		
0		
Metric 度量（跳数）		
……		
多个路由条目，最多 25 个		

图 8-19

每个 RIP 报文都以由 4 个字节组成的一个公用头开始，紧跟在后面的是一系列路由条目，反映了其路由信息。具体内容如下：

- Command：区分 RIP 报文类型。Command = 1，是一个路由请求报文；Command = 2，是一个路由响应报文。
- Version：RIP 的版本号。

在一个 RIP 报文中，最多可通告 25 条路由条目，若路由条目数多于 25 条，则需要用多个 RIP 报文来交换路由信息。每条路由条目所包含的信息用以下字段来描述：

- Address Family identifier：地址族标识，对一般的路由条目，取值为 2；若是跟在 RIP 报文头后面的第一条路由条目，则取值为 0XFFFF，表示是一个安全认证；若是对所有路由的请求报文，取值为 0。
- Route Tag：路由标识，用于描述由其他路由协议所导入的外部路由信息。该字段在扩散过程中保持不变，使所携带的外部路由信息在经过 RIP 路由域时得以保存，并导入到另一自治系统中。Route Tag 一般要保存产生该路由的 AS 值，RIP 协议本身不需要该属性值；
- IP Address：可达的目的地址，一般是指网络地址；
- Metric：到可达路由所需经过的路由器数，其取值范围在 1～16。度量值在 1～15 内为可达路由，大于或等于 16 表示路由已不可达。

（2）RIPv1 的特点

RIPv1 是最早使用的动态路由协议，其特点如下：

1）RIPv1 是有类路由协议；
2）RIPv1 使用 255.255.255.255 的广播地址发送路由更新信息；
3）RIPv1 不支持 VLSM，也不支持不连续的子网划分；
4）RIPv1 不支持报文认证。

2. RIPv2

（1）RIPv2 的报文格式

RIPv2 的报文格式如图 8-20 所示。

Command 命令	Version 版本	Set to all zeros 必须为零
Address Family Identifier 地址类型标识符		Set to all zeros 必须为零
IP Address IP 地址		
Subnet Mask 子网掩码		
Next Hop 下一跳		
Metric 度量（跳数）		
…… 多个路由条目，最多 25 个		

图 8-20

- Subnet Mask：可达目的地址的掩码，IP Address 和 Subnet Mask 是一个地址/掩码对，共同标识一个可达的网络地址前缀。当取值为 0.0.0.0 时，该路由条目没有子网掩码；

- Next Hop：到达该可达路由的更好的下一跳的 IP 地址。对一般的可达路由，Next Hop = 0.0.0.0，表示下一跳的 IP 地址就是发布该路由信息的路由器地址；对于公共访问介质（如以太网、FDDI 等）上的路由器扩散路由信息时，若某路由信息是由该公共访问介质上的某路由器传送来的，则在该公共访问介质上往其他路由器进一步扩散该路由信息时，Next Hop 应为先前的路由器地址，而不是目前发布该路由信息的路由器地址，以使该路由上的 IP 报文在途经公共访问介质时，直接送往前一个路由器，不需经由这个多余的中转路由器，此时，Next Hop 不再为 0.0.0.0，而是前一个路由器的 IP 地址；
- 认证，确认合法的信息包，目前支持纯文本的口令形式。在 RIPv2 中，增加了口令和 MD5 的安全认证机制，认证是每一报文的功能，因为在报文头中只提供两字节的空间，而任一合理的认证表均要求多于两字节的空间，故 RIPv2 认证表使用一个完整的 RIP 路由项。如果在报文中最初路由项 Address Family Identifier 域的值是 0xFFFF，路由项的剩余部分就是认证。包含认证 RIP 报文路由项采用如图 8-21 所示的格式。

Command(1)	Version(1)	Unused
0xFFFF		Authentication type (2)
Authentication (16)		

图 8-21

（2）RIPv2 的特点

相对于 RIPv1，RIPv2 做了改进。特点主要有：
- RIPv2 是一种无类别路由协议；
- RIPv2 协议报文中携带子网掩码信息，支持 VLSM 和 CIDR；
- RIPv2 支持以组播方式发送路由更新报文，组播地址为 224.0.0.9，减少网络与系统资源消耗；

RIPv2 支持对协议报文进行验证，并提供明文验证和 MD5 验证两种方式，增强安全性。

3. RIPv2 配置

在 RIP 配置的基础上，我们可以强制将 RIP 的版本调整为第二版，如图 8-22 所示。

```
R2(config)#router rip
R2(config-router)#version 2
```

图 8-22

通过 show ip protocols，我们可以看到，当前 RIP 发送和接收更新的时候，都采用了第二版，如图 8-23 所示。

```
R2#show ip protocols
Routing Protocol is "rip"
  Sending updates every 30 seconds, next due in 1 seconds
  Invalid after 180 seconds, hold down 180, flushed after 240
  Outgoing update filter list for all interfaces is
  Incoming update filter list for all interfaces is
  Redistributing: static, rip
  Default version control: send version 2, receive version 2
    Interface           Send  Recv  Triggered RIP  Key-chain
    Serial0/0/0         2     2
    Serial0/0/1         2     2
  Automatic network summarization is in effect
```

图 8-23

通过分析两家公司的网络拓扑结构，我们可以发现，两家公司的内部网络都比较简单，其中利达公司采用了直连路由的策略，而骏达公司直接采用了直连路由。由于两家公司在同一栋写字楼中办公，设备放置位置也比较靠近，所以整合两个网络最简洁有效的方法是直接用线路连接两个网络，路由策略采用 RIP，新的拓扑及调整后的地址规划如图 8-24 所示。

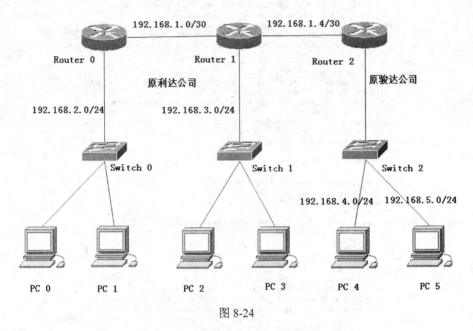

图 8-24

合并后，网络中的 3 个路由器配置如图 8-25 所示。

```
router1(config)#
router1(config)#router rip
router1(config-router)#version 2
router1(config-router)#network 192.168.1.0
router1(config-router)#network 192.168.2.0
router1(config-router)#

router2(config)#
router2(config)#router rip
router2(config-router)#version 2
router2(config-router)#network 192.168.1.0
router2(config-router)#network 192.168.3.0
router2(config-router)#

router3(config)#
router3(config)#router rip
router3(config-router)#version 2
router3(config-router)#network 192.168.1.0
router3(config-router)#network 192.168.4.0
router3(config-router)#network 192.168.5.0
router3(config-router)#
```

图 8-25

通过实施 RIP 路由策略后，我们可以看到 3 个路由器的路由表都学习到了完整的路由，如图 8-26 所示。

```
router1#
router1#show ip route
Codes: C - connected, S - static, I - IGRP, R - RIP, M - mobile, B - BGP
       D - EIGRP, EX - EIGRP external, O - OSPF, IA - OSPF inter area
       N1 - OSPF NSSA external type 1, N2 - OSPF NSSA external type 2
       E1 - OSPF external type 1, E2 - OSPF external type 2, E - EGP
       i - IS-IS, L1 - IS-IS level-1, L2 - IS-IS level-2, ia - IS-IS inter area
       * - candidate default, U - per-user static route, o - ODR
       P - periodic downloaded static route

Gateway of last resort is not set

     192.168.1.0/30 is subnetted, 2 subnets
C       192.168.1.0 is directly connected, FastEthernet0/1
R       192.168.1.4 [120/1] via 192.168.1.2, 00:00:22, FastEthernet0/1
C    192.168.2.0/24 is directly connected, FastEthernet0/0
R    192.168.3.0/24 [120/1] via 192.168.1.2, 00:00:22, FastEthernet0/1
R    192.168.4.0/24 [120/2] via 192.168.1.2, 00:00:22, FastEthernet0/1
R    192.168.5.0/24 [120/2] via 192.168.1.2, 00:00:22, FastEthernet0/1

router2#
router2#show ip route
Codes: C - connected, S - static, I - IGRP, R - RIP, M - mobile, B - BGP
       D - EIGRP, EX - EIGRP external, O - OSPF, IA - OSPF inter area
       N1 - OSPF NSSA external type 1, N2 - OSPF NSSA external type 2
       E1 - OSPF external type 1, E2 - OSPF external type 2, E - EGP
       i - IS-IS, L1 - IS-IS level-1, L2 - IS-IS level-2, ia - IS-IS inter area
       * - candidate default, U - per-user static route, o - ODR
       P - periodic downloaded static route

Gateway of last resort is not set

     192.168.1.0/30 is subnetted, 2 subnets
C       192.168.1.0 is directly connected, FastEthernet0/1
C       192.168.1.4 is directly connected, FastEthernet1/0
R    192.168.2.0/24 [120/1] via 192.168.1.1, 00:00:12, FastEthernet0/1
C    192.168.3.0/24 is directly connected, FastEthernet0/0
R    192.168.4.0/24 [120/1] via 192.168.1.6, 00:00:25, FastEthernet1/0
R    192.168.5.0/24 [120/1] via 192.168.1.6, 00:00:25, FastEthernet1/0

router3#
router3#show ip route
Codes: C - connected, S - static, I - IGRP, R - RIP, M - mobile, B - BGP
       D - EIGRP, EX - EIGRP external, O - OSPF, IA - OSPF inter area
       N1 - OSPF NSSA external type 1, N2 - OSPF NSSA external type 2
       E1 - OSPF external type 1, E2 - OSPF external type 2, E - EGP
       i - IS-IS, L1 - IS-IS level-1, L2 - IS-IS level-2, ia - IS-IS inter area
       * - candidate default, U - per-user static route, o - ODR
       P - periodic downloaded static route

Gateway of last resort is not set

     192.168.1.0/30 is subnetted, 2 subnets
R       192.168.1.0 [120/1] via 192.168.1.5, 00:00:09, FastEthernet0/1
C       192.168.1.4 is directly connected, FastEthernet0/1
R    192.168.2.0/24 [120/2] via 192.168.1.5, 00:00:09, FastEthernet0/1
R    192.168.3.0/24 [120/1] via 192.168.1.5, 00:00:09, FastEthernet0/1
C    192.168.4.0/24 is directly connected, FastEthernet0/0.1
C    192.168.5.0/24 is directly connected, FastEthernet0/0.2
```

图 8-26

图 8-27 显示了原利达公司的主机已经能访问原骏达公司的主机。

```
PC>ping 192.168.4.2

Pinging 192.168.4.2 with 32 bytes of data:

Reply from 192.168.4.2: bytes=32 time=187ms TTL=125
Reply from 192.168.4.2: bytes=32 time=143ms TTL=125
Reply from 192.168.4.2: bytes=32 time=142ms TTL=125
Reply from 192.168.4.2: bytes=32 time=203ms TTL=125

Ping statistics for 192.168.4.2:
    Packets: Sent = 4, Received = 4, Lost = 0 (0% loss),
Approximate round trip times in milli-seconds:
    Minimum = 142ms, Maximum = 203ms, Average = 168ms
```

图 8-27

项目九
开放最短路径优先 OSPF

案例描述

凯德科技是一家从事内燃机生产和销售的中型企业，随着业务的发展和公司规模的扩大，企业网络从早期的小型局域网扩容成了现有的拓扑，如下图所示。你作为系统集成商的售后工程师，请按图中要求实现企业内网的 OSPF 路由。

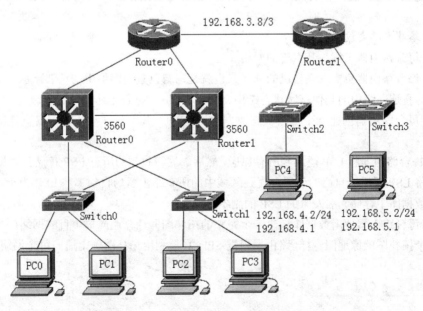

9.1 链路状态路由协议

1. 链路状态路由协议与距离矢量路由协议的区别

在项目七里,我们介绍了动态路由协议分为两种类型,分别是距离矢量路由协议和链路状态路由协议。距离矢量路由协议就像指路标一样,只能为你提供关于距离和方向的信息。而链路状态路由协议则像一张地图,有了地图,你就可以看到所有潜在的路径并确定自己的首选路径。

之所以说距离矢量路由协议像路标,是因为路由器必须根据与目的网络之间的距离或度量来作出首选路径决策。就像旅行者信赖路标所指出的到下一个城镇的精确距离一样,距离矢量路由器也信赖其他路由器所通告的到目的网络的距离。

链路状态路由协议则采用另一种方法。之所以说链路状态路由协议更像地图,是因为它们会创建一个网络拓扑图,路由器可使用此拓扑图来确定通向每个网络的最短路径。就像您查阅地图以找出通向另一个城镇的路径一样,链路状态路由器也使用一个图来确定通向其他目的地的首选路径。

运行链路状态路由协议的路由器会发出有关通向路由域内的其他路由器的链路状态的信息。链路的状态是指与该路由器直连网络的状态,并包含关于网络类型以及那些网络中与该路由器相邻的所有路由器的信息。

链路状态路由协议的最终目标是每台路由器都收到路由域中其他所有路由器的链路状态信息。有了这种链路状态信息,每台路由器都可以自行创建网络拓扑图并独立计算通向每个网络的最短路径。

2. 链路状态路由过程

(1)每台路由器了解与其直连的网络。

(2)每台路由器负责联系自己的邻居,也就是与自己直连网络中的相邻路由器。链路状态路由器通过与直连网络中的其他链路状态路由器互换 Hello 数据包来达到此目的。

(3)每台路由器创建一个链路状态数据包(LSP),其中包含与该路由器直连的每条链路的状态。

(4)每台路由器将 LSP 泛洪到所有邻居,然后邻居将收到的所有 LSP 存储到数据库中。接着,各个邻居将 LSP 泛洪给自己的邻居,直到区域中的所有路由器均收到那些 LSP 为止。每台路由器会在本地数据库中存储邻居发来的 LSP 的副本。

(5)每台路由器使用数据库构建一个完整的拓扑图并计算通向每个目的网络的最佳路径。构建好的这个拓扑图就像地图一样,路由器根据 SPF 算法利用拓扑图确定通向每个网络的最佳路径。

9.2 OSPF 特点与术语

1. OSPF 协议概述

OSPF 是 Open Shortest Path First(即"开放最短路径优先协议")的缩写。它是 IETF(Internet Engineering Task Force)组织开发的一个基于链路状态的自治系统内部路由协议(IGP),用于在单一自治系统（Autonomous system，AS）内决策路由。在 IP 网络上，它通过收集和传递自治系统的链路状态来动态地发现并传播路由。

随着 Internet 技术在全球范围的飞速发展，OSPF 已成为目前 Internet 广域网和 Intranet 企业网采用最多、应用最广泛的路由协议之一。

2. OSPF 的特点

OSPF 协议特点如下：

- 适应范围广——OSPF 支持各种规模的网络，最多可支持几百台路由器；
- 最佳路径——OSPF 是基于带宽来选择路径；
- 快速收敛——如果网络的拓扑结构发生变化，OSPF 立即发送更新报文，使这一变化在自治系统中同步；
- 无自环路由协议——由于 OSPF 是通过收集到的链路状态信息来计算最短路径树，故从算法本身保证了不会生成自环路由；
- 支持变长子网掩码——由于 OSPF 在描述路由时携带网段的掩码信息，所以 OSPF 协议不受自然掩码的限制，对 VLSM 和 CIDR 提供很好的支持；
- 支持区域划分——OSPF 协议允许自治系统的网络被划分成区域来管理，区域间传送的路由信息被进一步抽象，从而减少了占用网络的带宽；
- 等值路由——OSPF 支持到同一目的地址的多条等值路由；
- 支持验证——它支持基于接口的报文验证以保证路由计算的安全性；
- 组播发送——OSPF 在有组播发送能力的链路层上以组播地址发送协议报文，既达到了广播的作用，又最大程度地减少了对其他网络设备的干扰。

3. OSPF 的基本术语

（1）路由器 ID

OSPF 协议使用一个被称为路由器 ID（Router ID）的 32 位无符号整数来唯一标识一台路由器。这个编号在整个自治系统内部是唯一的。

路由器 ID 是否稳定对于 OSPF 协议的运行来说是很重要的。路由器 ID 可以通过手工配置和自动选取两种方式产生。对于手工配置路由器 ID 时，一般将其配置为该路由器的某个活动状态的接口 IP 地址。自动选取的原则是：①如果路由器配置了逻辑环回接口（loopback interface），选取具有最大 IP 地址的环回接口的 IP 地址作为路由器 ID；②如果不存在环回接口，则选取路由器上处于激活（UP）状态的物理接口中 IP 地址最大的那个接口 IP 地址作为路由器 ID。采用环回接口的好处是，它不像物理接口那样随时可能失效。因此，用环回接口的 IP 地址作为路由器 ID 更稳定，也更可靠。

当一台路由器的路由器 ID 选定以后，除非该 IP 所在接口被关闭，该接口 IP 地址被删除、更改和路由器重新启动，否则路由器 ID 将一直保持不变。

（2）邻居（Neighbors）

运行 OSPF 协议的路由器每隔一定时间发送一次 Hello 数据包，Hello 数据包的 TTL 值为 1。可以互相收到对方 Hello 数据包的路由器构成邻居关系。两个互为邻居的路由器之间可以一直维持这样的邻居关系，也可以进一步形成邻接关系。如图 9-1 所示的两台路由器形成邻居关系。

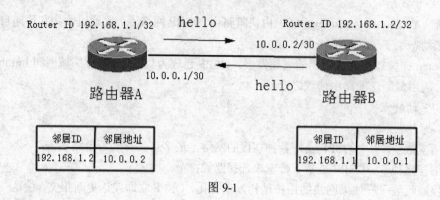

图 9-1

(3) 邻接 (Adjacency)

邻接关系是一种比邻居关系更为密切的关系。互为邻接关系的两台路由器之间不但交流 Hello 数据包，还发送 LSA 泛洪消息。

(4) OSPF 链路状态数据库 LSDB

在一个 OSPF 区域内，所有的路由器将自己的活动接口（并且是运行 OSPF 协议的接口）的状态及所连接的链路情况通告给所有的 OSPF 路由器。同时，每个路由器也收集本区域内所有其他 OSPF 路由器的链路状态信息，并将其汇总成为 OSPF 链路状态数据库。

经过一段时间的同步后，同一个 OSPF 区域内的所有 OSPF 路由器将拥有完全相同的链路状态数据库。这些路由器定时传送 Hello 存活信息包以及 LSA 更新数据包以反映网络拓扑结构的变化。

9.3 OSPF 数据包类型

OSPF 协议共有 5 种数据包类型，如表 9-1 所示。

表 9-1 OSPF 数据包类型

类型	报文名称	报文功能
1	Hello	发现和维护邻居关系
2	DataBase Description	发送链路状态数据库摘要
3	Link State Request	请求特定的链路状态信息
4	Link State Update	发送详细的链路状态信息
5	Link State Ack	发送确认报文

OSPF 数据包的头部都相同，其头部长度都是 24 字节，如图 9-2 所示。

- 版本字段：占 8 位。用来表明 OSPF 协议实现的版本号。当前版本号为 2，与版本 1 不兼容。
- 类型字段：占 8 位。用来表明不同 OSPF 数据包的类型。范围从 1～5，如表 9-1 所示。
- 总长度字段：占 16 位。是 OSPF 数据包的总长度，包括 OSPF 包数据和 OSPF 包头部在内。
- 路由器 ID (Router ID) 字段：占 32 位。用来在 OSPF 区域内唯一地标识一台路由器。

开放最短路径优先 OSPF | 项目九

```
00 01 02 03 04 05 06 07 08 09 10 11 12 13 14 15 16 17 18 19 20 21 22 23 24 25 26 27 28 29 30 31 bit
```

版本	类型	总长度
路由器ID		
区域ID		
LSA头部		
校验和		认证类型
身份认证		
身份认证		

图 9-2

- 区域 ID（Area ID）字段：占 32 位。在多区域 OSPF 中，用来唯一地标识某一区域。
- 校验和（Check Sum）字段：占 16 位。对除认证字段以外的字段进行校验。
- 认证类型（Autype）字段：占 16 位。用来标识身份认证方法。0 表示不进行认证；1 表示使用明文文本进行认证；2 表示使用 MD5 摘要值进行认证。
- 身份认证（Authentication）字段：占 64 位。包含身份认证数据。

9.3.1 hello 数据包

第一种类型的 OSPF 数据包 1 是 OSPF Hello 数据包。Hello 数据包用于：

- 发现 OSPF 邻居并建立相邻关系。
- 通告两台路由器建立相邻关系所必需统一的参数。
- 在以太网和帧中继网络等多路访问网络中选举指定路由器（DR）和备用指定路由器（BDR）。

图 9-3 显示的是 Hello 数据包的格式。

版本	类型=1	数据包长度
路由器 ID		
区域 ID		
校验和		身份证类型
身份验证		
身份验证		
网络掩码		
Hello 间隔	选项	路由器优先级
路由器 Dead 间隔		
指定路由器 (DR)		
备用指定路由器 (BDR)		
邻居列表		

图 9-3

图 9-3 中的重要字段包括：
- 类型：OSPF 数据包类型：Hello（1）、DD（2）、LS 请求（3）、LS 更新（4）或 LS 确认（5）。
- 路由器 ID：始发路由器的 ID。
- 区域 ID：数据包的始发区域。
- 网络掩码：与发送方接口关联的子网掩码。
- Hello 间隔：发送方路由器连续两次发送 Hello 数据包之间的秒数。
- 路由器优先级：用于 DR/BDR 选举。
- 指定路由器（DR）：DR 的路由器 ID（如果有的话）。
- 备用指定路由器（BDR）：BDR 的路由器 ID（如果有的话）。
- 邻居列表：列出相邻路由器的 OSPF 路由器 ID。

9.3.2 数据库描述包 DBD

DBD（DataBase Description）称为链路状态数据库描述数据包。该数据包在链路状态数据库交换期间产生。它的主要作用有三个：
- 选举交换链路状态数据库过程中的主/从关系；
- 确定交换链路状态数据库过程中的初始序列号；
- 交换所有的 LSA 数据包头部。

DBD 的头部结构如图 9-4 所示。

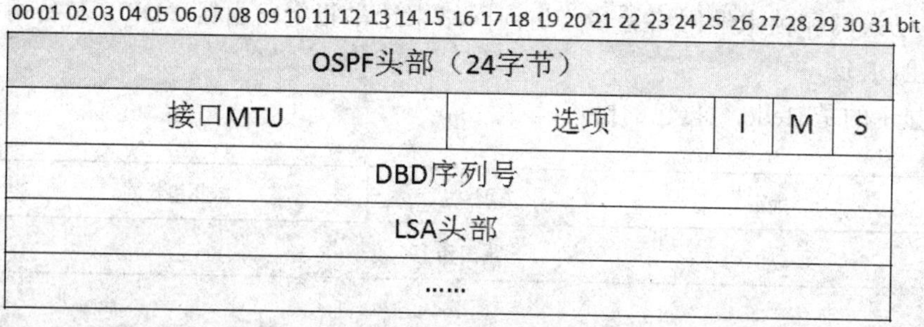

```
00 01 02 03 04 05 06 07 08 09 10 11 12 13 14 15 16 17 18 19 20 21 22 23 24 25 26 27 28 29 30 31 bit
```

OSPF 头部（24 字节）				
接口 MTU		选项	I M S	
DBD 序列号				
LSA 头部				
……				

图 9-4

- OSPF 头部：占 24 字节。原始的 OSPF 头部。
- 接口 MTU 字段：占 16 位。用来表明通过相关接口传送的最大数据大小。
- 选项（Option）字段：用来指明不透明 LSA（RFC 2370）、请求电路（RFC 1793）等附加特性。
- I 字段：占 1 位。当此字段值为 1 时，表示这是 DBD 的第 1 个数据包。
- M 字段：占 1 位。当此字段值为 1 时，表示后面还有更多的 DBD 数据包。
- S 字段：占 1 位。当此字段值为 1 时，表示在 DBD 交换过程中，此路由器是主设备；此字段值为 0 时，表示此路由器是从设备。作为主设备的路由器将决定 DBD 交换过程中的初始 DBD 序列号。
- DBD 序列号字段：用来标识 DBD 交换过程中的每一个 DBD 数据包。该序列号只能由主设备设定、增加。

- LSA 头部：由若干个 DBD 头部列表组成。

9.3.3 链路状态请求包 LSR

LSR（Link State Request Packet）称为链路状态请求数据包，用于在两台路由器互相交换过 DBD 报文之后，向对端的路由器请求所需要的 LSA。该数据包头部结构如图 9-5 所示。

```
00 01 02 03 04 05 06 07 08 09 10 11 12 13 14 15 16 17 18 19 20 21 22 23 24 25 26 27 28 29 30 31 bit
```

OSPF头部（24字节）
LS类型
链路状态ID
通告路由器
……

图 9-5　链路状态请求数据包

- OSPF 头部：占 24 字节。原始的 OSPF 头部。
- LS 类型字段：用来标明要请求何种类型的 LSA。
- 通告路由器字段：其内容是发出此 LSA 路由器的路由器 ID。

9.3.4 链路状态更新包 LSU

LSU（Link State Update Packet）称为链路状态更新数据包，用来向对端路由器发送所需要的 LSA，内容是多条 LSA（全部内容）的集合。该数据包头部结构如图 9-6 所示。

```
00 01 02 03 04 05 06 07 08 09 10 11 12 13 14 15 16 17 18 19 20 21 22 23 24 25 26 27 28 29 30 31 bit
```

OSPF头部（24字节）
LSA个数
LSAs
……

图 9-6　链路状态更新数据包

- OSPF 头部：占 24 字节。原始的 OSPF 头部。
- LSA 个数字段：用来标明请求 LSA 的数量。
- LSAs 字段：若干个被请求的 LSA 头部。

9.3.5 链路状态确认包 LSACK

LSACK（Link State Acknowledgement Packet）称为链路状态确认数据包，用于对接收到的 LSA 进行确认，以组播的方式发送。如果发送确认的路由器的状态是 DR 或者 BDR，确认数据包将被发送到 OSPF 路由器组播地址 224.0.0.5；如果发送确认的路由器的状态不是 DR 或者 BDR，确认将被发送到 OSPF 路由器组播地址 224.0.0.6。

该数据包头部结构如图 9-7 所示。

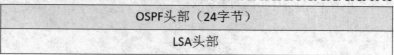

图 9-7 链路状态确认数据包

9.4 OSPF 路由计算过程

每台 OSPF 路由器都会维持一个链路状态数据库，其中包含来自其他所有路由器的 LSA。一旦路由器收到所有 LSA 并建立其本地链路状态数据库，OSPF 就会使用 Dijkstra 的最短路径优先（SPF）算法创建一个 SPF 树。随后，将根据 SPF 树，使用通向每个网络的最佳路径填充 IP 路由表，如图 9-8 所示。

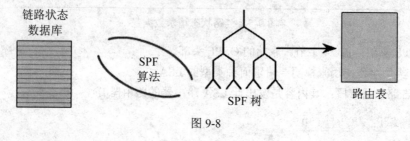

图 9-8

1. OSPF 邻居的状态机

运行 OSPF 的路由器互相之间会发送 Hello 数据包，以发现 OSPF 邻居。在建立 OSPF 邻居关系后，有些路由器还会进一步形成邻接关系，在邻接关系中 OSPF 经历的状态如图 9-9 所示。

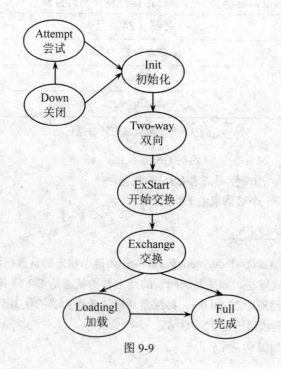

图 9-9

（1）Down 状态：邻居状态机的初始状态，是指没有收到对方的 Hello 报文。

（2）Attempt 状态：只适用于 NBMA 类型的接口，处于本状态时，定期向那些手工配置的邻居发送 Hello 报文。

（3）Init 状态：本状态表示已经收到了邻居的 Hello 报文，但是该报文中列出的邻居中没有包含我的 Router ID，及对方并没有收到自己发的 Hello 报文。

（4）Two-Way 状态：本状态表示双方互相收到了对端发送的 Hello 报文，建立了邻居关系。在广播和 NBMA 类型的网络中，两个接口状态是 DROther 的路由器之间将停留在此状态。其他情况状态机将继续转入高级状态。

（5）ExStart 状态：在此状态下，路由器和它的邻居之间通过互相交换 DBD 报文（该报文并不包含实际的内容，只包含一些标志位）来决定发送时的主/从关系。建立主/从关系主要是为了保证在后续的 DBD 报文交换中能够有序的发送。

（6）Exchange 状态：路由器将本地的 LSDB 用 DBD 报文来描述，并发给邻居。

（7）Loading 状态：路由器发送 LSR 报文向邻居请求对方的 DBD 报文。

（8）Full 状态：在此状态下，邻居路由器的 LSDB 中所有的 LSA 本路由器全都有了。即本路由器和邻居建立了邻接（adjacency）状态。

2. OSPF 邻居关系的建立过程

当配置 OSPF 的路由器刚启动时，相邻路由器之间的 Hello 包交换过程是最先开始的。OSPF 邻居建立过程如图 9-10 所示。

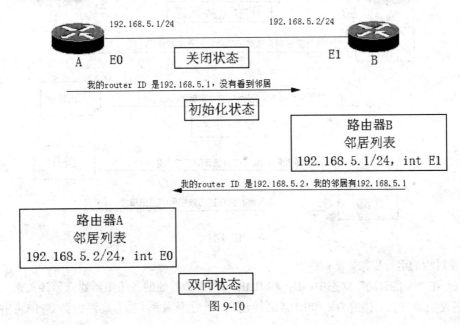

图 9-10

（1）路由器 A 在网络里刚启动时是 Down 状态，因为没有和其他路由器进行信息交换。它开始向加入 OSPF 进程的接口发送 Hello 报文。其中 Broadcast、point-to-point 网络 Hello 包采用多播地址 224.0.0.5 发送；NBMA、point-to-multipoint 网络类型 Hello 包采用单播地址发送。

（2）所有运行 OSPF 的与 A 路由器直连的路由器收到 A 的 Hello 包后把路由器 A 的 ID 添加到自己的邻居列表中。这个状态是 Init。

（3）所有运行 OSPF 的与 A 路由器直连的路由器向路由器 A 发送单播的回应 Hello 包，Hello 包中邻居字段内包含所有知道的路由器 ID，也包括路由器 A 的 ID。

（4）当路由器 A 收到这些 Hello 包后，它将其中所有包含自己路由器 ID 的路由器都添加到自己的邻居表中。这个状态叫做 Two-way。这时，所有在其邻居表中包含彼此路由器 ID 记录的路由器就建立起了双向的通信。

（5）如果网络类型是广播型或 NBMA 网络，那么就需要选举 DR 和 BDR。DR 将与网络中所有其他的路由器之间建立双向的邻接关系。这个过程必须在路由器能够开始交换链路状态信息之前发生。

（6）路由器周期性地（广播型网络中缺省是 10 秒）在网络中交换 Hello 数据包，以确保通信仍然在正常工作。更新用的 Hello 包中包含 DR、BDR 以及其 Hello 数据包已经被接收到的路由器列表。

3. 链路状态数据库的同步过程

一旦选举出了 DR 和 BDR 之后，路由器就被认为进入"准备启动"状态，并且它们也已经准备好发现有关网络的链路状态信息，以及生成它们自己的链路状态数据库。用来发现网络路由的这个过程被称为交换过程，它使路由器进入到通信的"完全（Full）"状态。如图 9-11 所示。

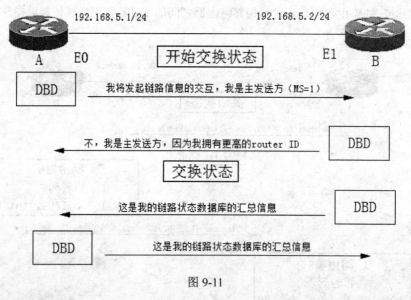

图 9-11

交换过程的运行步骤如下：

（1）在"准备启动"状态中，DR 和 BDR 与网络中其他的各路由器建立邻接关系。在这个过程中，各路由器与它邻接的 DR 和 BDR 之间建立一个主从关系。拥有高路由器 ID 的路由器成为主路由器。

（2）主从路由器间交换一个或多个 DBD 数据包。这时，路由器处于"交换（Exchange）"状态。

（3）当路由器接收到 DBD 数据包后，它将要进行以下的工作：①通过检查 DBD 中 LSA 的头部序列号，将它接收到的信息和它拥有的信息做比较。如果 DBD 有一个更新的链路状态条目，那么路由器将向另一个路由器发送数据状态请求包（LSR）。发送 LSR 的过程叫做"加载（Loading）"状态；②另一台路由器将使用链路状态更新包（LSU）回应请求，并在其中包含所请求条目的完整信息。当路由器收到一个 LSU 时，它将再一次发送 LSAck 包回应，如图 9-12 所示。

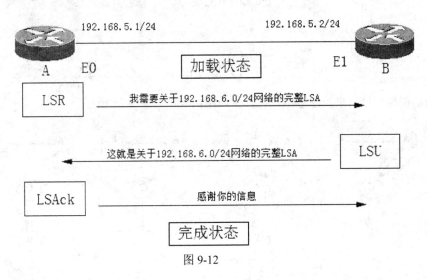

图 9-12

（4）路由器添加新的链路状态条目到它的链路状态数据库中。

当给定路由器的所有 LSR 都得到了满意的答复时，邻接的路由器就被认为达到了同步并进入"完全"状态。路由器在能够转发数据流量之前，必须达到"完全"状态。

4. 计算最短路径树

OSPF 协议的核心是 SPF，即最短路径优先算法。OSPF 使用 Dijkstra 算法来产生最短路径生成树。当 OSPF 网络中的每台路由器的链路状态数据库达到 Full 状态之后，每个路由器可以计算出每一条链路的开销，如图 9-13（a）所示；同时在每个路由器中都会存在如图 9-13（b）所示的完整的 LSDB。根据 LSDB，可以生成如图 9-13（c）所示的带权有向图。

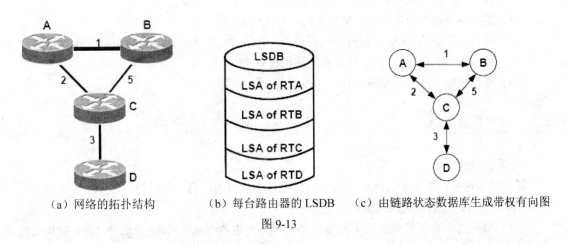

图 9-13

接下来每台路由器以自己为根节点，使用 SPF 算法计算出一棵最短路径树，如图 9-14 所示。

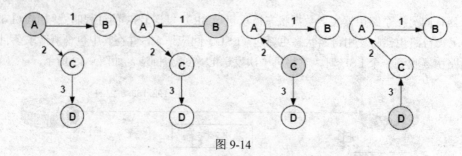

图 9-14

路由器根据计算出来的最短路径树,生成路由表,如图 9-15 所示。

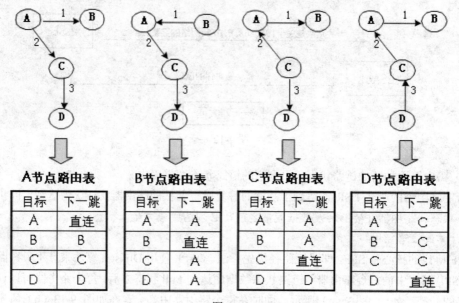

图 9-15

由上面的分析可知:OSPF 协议计算出路由主要有以下四个步骤:
(1)描述本路由器周边的网络拓扑结构,并生成 LSA。
(2)将自己生成的 LSA 在自治系统中传播,并同时收集所有的其他路由器生成的 LSA。
(3)根据收集的所有的 LSA 计算最短路径树。
(4)根据最短路径树计算路由表。

9.5 OSPF 区域

1. 单区域的问题

随着网络规模日益扩大,网络中的路由器数量不断增加。当一个巨型网络中的路由器都运行 OSPF 路由协议时,就会遇到如下问题:
(1)每台路由器都保留着整个网络中其他所有路由器生成的 LSA,这些 LSA 的集合组成 LSDB。路由器数量的增多会导致 LSDB 非常庞大,这会占用大量的存储空间。
(2)LSDB 的庞大会增加运行 SPF 算法的复杂度,导致 CPU 负担很重。

（3）由于 LSDB 很大，两台路由器之间达到 LSDB 同步会需要很长时间。

（4）网络规模增大之后，拓扑结构发生变化的概率也增大，网络会经常处于"动荡"之中。为了同步这种变化，网络中会有大量的 OSPF 协议报文在传递，降低了网络的带宽利用率。更糟糕的是，每一次变化都会导致网络中所有的路由器重新进行路由计算。

2. 区域划分

为了解决网络规模增大带来的问题，OSPF 提出了区域的概念。它将运行 OSPF 路由协议的路由器分成若干个区域，如图 9-16 所示。每个区域内部的路由器 LSA 及网络 LSA 将只在区域内部泛洪。这样，既减小了 LSDB 的大小，也减轻了单个路由器失效对网络整体的影响。当网络拓扑发生变化时，可以大大加速路由收敛过程。OSPF 区域特性增强了网络的可扩展性。

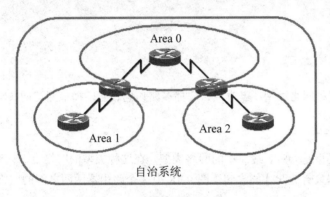

图 9-16

OSPF 区域号可以使用十进制数的格式定义，如区域 0。也可以使用 IP 地址的格式，如区域 0.0.0.0。OSPF 还规定，如果划分了多个区域，那么必须有一个区域 0，称为骨干区域。所有的其他类型区域都需要与骨干区域相连（除非使用虚链路）。

3. 路由器的类型

在多区域 OSPF 区域中，处于不同位置的路由器可能有不同的名称及用途，如图 9-17 所示。

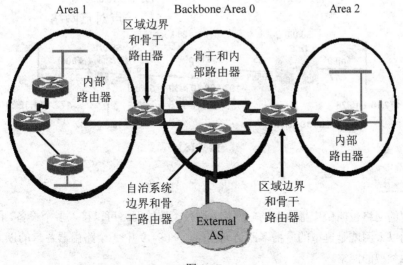

图 9-17

（1）区域内路由器（Internal Area Router，IAR）：是指该路由器的所有接口都属于同一个 OSPF 区域。该路由器负责维护本区域内部路由器之间的链路状态数据库。

（2）区域边界路由器（Area Border Router，ABR）：该路由器同时属于两个以上的区域（其中必须有一个是骨干区域，也就是区域 0）。该路由器拥有所连接区域的所有链路状态数据库并负责在区域之间发送 LSA 更新消息。

（3）骨干路由器（BackBone Router，BBR）：是指该路由器属于骨干区域（也就是 0 区域）。由定义可知，所有的 ABR 都是骨干路由器，所有的骨干区域内部的 IAR 也属于 BBR。

（4）自治系统边界路由器（AS Boundary Router，ASBR）：是指该路由器引入了其他路由协议（也包括静态路由和接口的直接路由）发现的路由。该路由器处于自治系统边界，负责和自治系统外部交换路由信息。

9.6 OSPF 网络类型

OSPF 定义了四种网络类型：点对点、广播多路访问、非广播多路访问（NBMA）、点对多点。

9.6.1 点到点网络

点对点的网络类型是 OSPF 最简单的网络类型。在这种类型的网络上，只能接 2 个设备，2 个设备互相发送的数据只有彼此才能收到。图 9-18 中 3 个路由器两两之间的网络就属于点对点网络类型。

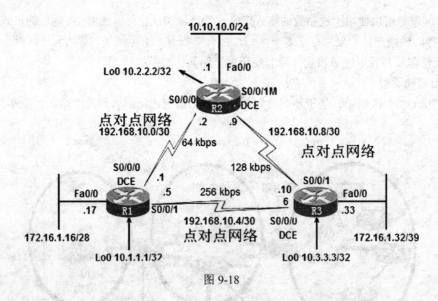

图 9-18

9.6.2 广播网络

广播类型的网络也叫做广播多路访问网络，这种类型的网络可以接入多个设备，同时具有广播能力，常见的以太网就是典型的广播多路访问网络。图 9-19 中 3 个路由器各自的以太口下接的网络就属于这种类型的网络。

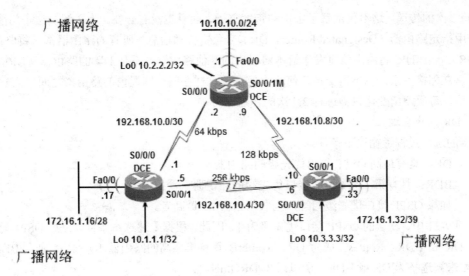

图 9-19

9.6.3 DR 与 BDR

对于广播和 NBMA 类型的网络，其内部网络路由器之间是全连通的。如果网络内有上百台路由器，那么将会形成很多的邻接关系，如图 9-20 所示。这些邻接关系要定期更新链路状态数据库 LSDB，这会消耗大量的系统资源。为了降低系统资源消耗，在广播和 NBMA 类型的网络中选举 DR 来减少 LSA 的泛洪。

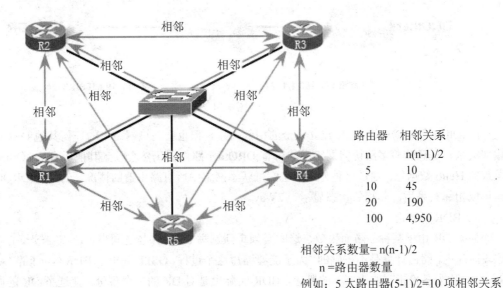

图 9-20

1. DR 的概念

在广播和 NBMA 类型的网络上，任意两台路由器之间都需要传递路由信息。如果网络中有 N 台路由器，则需要建立 N*(N-1)/2 个邻接关系。任何一台路由器的路由变化，都需要在网段中进行

N*(N-1)/2 次的传递。这不仅浪费了宝贵的带宽资源，而且也没有必要。为了解决这个问题，OSPF 协议使用指定路由器（Designated Router，DR）来负责传递信息。所有的路由器都只将路由信息发送给 DR，再由 DR 将路由信息发送给本网段内的其他路由器。不是 DR 的路由器（DROther）之间不再建立邻接关系，也不再交换任何路由信息。这样在同一网段内的路由器之间只需建立 N 个邻接关系，每次路由变化只需进行 2N 次的传递即可。

2．DR 的产生过程

DR 的选举过程遵循以下条件：

- DR：具有最高 OSPF 接口优先级的路由器
- BDR：具有第二高 OSPF 接口优先级的路由器
- 如果 OSPF 接口优先级相等，则取路由器 ID 最高者。

在图 9-21 中，默认的 OSPF 接口优先级为 1，因此，根据上述选举条件，采用 OSPF 路由器 ID 来选举 DR 和 BDR。RouterC 成为 DR，RouterB 具有第二高的路由器 ID，因此成为 BDR。因为 RouterA 未被选举为 DR 或 BDR，所以成为 DROther。

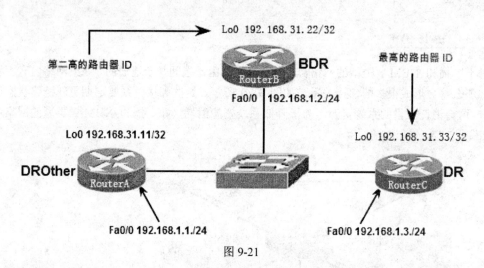

图 9-21

DROther 仅与 DR 和 BDR 建立完全的相邻关系，但也会与该网络中的任何其他 DROther 建立相邻关系。这意味着多路访问网络中的所有 DROther 路由器仍然会收到其他所有 DROther 路由器发来的 Hello 数据包。通过这种方式，它们可获悉网络中所有路由器的情况。当两台 DROther 路由器形成相邻关系后，其相邻状态显示为 2Way。

3．BDR 的概念

如果 DR 由于某种故障而失效，这时必须重新选举 DR，并与之同步。这需要较长的时间，在这段时间内，路由计算是不正确的。为了能够缩短这个过程，OSPF 提出了 BDR（Backup Designated Router，称为备份指定路由器）的概念。BDR 实际上是对 DR 的一个备份，在选举 DR 的同时也选举出 BDR，BDR 也和本网段内的所有路由器建立邻接关系并交换路由信息。当 DR 失效后，BDR 会立即成为 DR，由于不需要重新选举，并且邻接关系事先已建立，所以这个过程是非常短暂的。当然这时还需要重新选举出一个新的 BDR，虽然一样需要较长的时间，但并不会影响路由计算。

需要注意的是：

（1）当网络中的 DR 和 BDR 选举成功之后，即使新加入一个优先级更高的路由器，此时不会重新选举 DR 和 BDR，只有 DR 和 BDR 都失效后，才会重新选举。

（2）DR 和 BDR 是在处于同一个子网的路由器接口之间进行选举，不同子网间具有不同的 DR 和 BDR。

（3）只有在广播和 NBMA 类型的接口上才会选举 DR 和 BDR，在 P2P 和 P2MP 类型的接口上不需要选举。

9.7 OSPF 配置

1. OSPF 基本配置

OSPF 的基本配置分为两个步骤：

（1）启动 OSPF

Router(config)#router ospf <process-id>

说明：<process-id>表示本地 OSPF 协议进程号，取值范围为 1～65535。进程号只具有本地意义。在同一台路由器上运行多个 OSPF 协议实例时，OSPF 协议进程号用于区别不同的 OSPF 协议进程。

（2）将接口加入到 OSPF 进程

Router（config-router）#network<ip-address> <wildcard-mask> area <area-id>

说明：

① <ip-address>表示声明接口的 IP 地址或者网络地址；

② <wildcard-mask>表示接口对应的子网掩码的反码；

③ <area-id>表示区域号，area0 固定代表骨干区，可以用两种格式表示：十进制数或 IP 地址的点分十进制形式。如区域 1 可以表示为 1，也可以表示成 0.0.0.1。

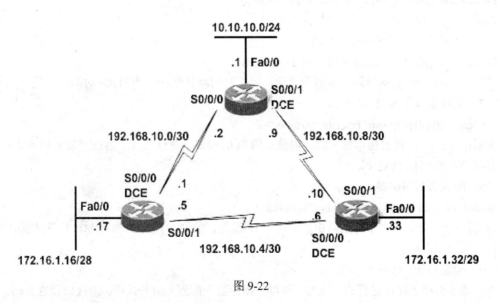

图 9-22

以图 9-22 的拓扑为例，路由器 R1、R2、R3 的配置如图 9-23 所示。

```
R1(config)#router ospf 1
R1(config-router)#network 172.16.1.16 0.0.0.15 area 0
R1(config-router)#network 192.168.10.0 0.0.0.3 area 0
R1(config-router)#network 192.168.10.4 0.0.0.3 area 0


R2(config)#router ospf 1
R2(config-router)#network 10.10.10.0 0.0.0.255 area 0
R2(config-router)#network 192.168.10.0 0.0.0.3 area 0
R2(config-router)#network 192.168.10.8 0.0.0.3 area 0


R3(config)#router ospf 1
R3(config-router)#network 172.16.1.32 0.0.0.7 area 0
R3(config-router)#network 192.168.10.4 0.0.0.3 area 0
R3(config-router)#network 192.168.10.8 0.0.0.3 area 0
```

图 9-23

2．扩展配置

（1）配置路由器 ID

Router（config-router）#router-id <ip-address>

说明：<ip-address>表示路由器 ID 号，必须为本路由器存在的接口 IP 地址；手动设置路由器 ID 号之后，需要在特权模式下使用 clear ip ospf process 重启 OSPF 进程，设置的路由器 ID 号才会生效，OSPF 协议才能够正常工作。

示例：配置路由器的 router-id 为 5.5.5.5。

Router(config)#router ospf 1

Router(config-router)#router-id 5.5.5.5

Router(config-router)#end

Router#clear ip ospf process 1

（2）指定接口发送 Hello 报文的时间间隔

Router(config-if)# ip ospf hello-interval <seconds>

说明：<seconds>表示时间，以秒为单位。

（3）指定接口上邻居的死亡时间

Router(config-if)# ip ospf dead-interval <seconds>

说明：<seconds>表示时间，以秒为单位，死亡时间默认情况下为 Hello 时间的 4 倍。

（4）配置接口优先级

Router(config-if)# ip ospf priority <priority>

说明：<priority>代表接口优先级，取值范围为 0～255，默认为 1，当设置为 0 时，表示此接口不参与 DR 和 BDR 的选举。

（5）配置邻居路由器

Router（config-router）# neighbor <ip-address>

说明：<ip-address>表示邻居路由器的接口 IP 地址，此命令在 P2P 和 P2MP 类型网络中使用，手动指定邻居路由器。

（6）配置 OSPF 认证

为了增强网络上路由进程的安全性，可以在路由器上配置 OSPF 认证。给接口设置密码，网络邻居必须在该网络上使用相同的密码。配置 OSPF 认证分为如下两个步骤：

1）在 OSPF 区域上使认证起作用

Router(config-router)#area *<area-id>* authentication [message-digest]
说明：不选择 message-digest 表示为简单口令认证，选择 message-digest 表示使用 MD5 加密认证。
2）为简单口令认证类型的接口设置口令
Router(config-if)#ip ospf authentication-key *<password>*
说明：*<password>* 表示密码字符串。
认证为 MD5 时的口令设置
Router(config-if)#ip ospf message-digest-key *<key>* md5 *<password>*

从本项目拓扑图中，我们可以看出，企业内网采用了 OSPF 路由，有 2 台 3560 三层交换机和 2 台路由器参与了 OSPF 的路由计算。同时，图中还说明了 VLAN 10 和 VLAN 20 的流量通过 STP 的调整实现了负载均衡，以及 2 个三层交换机上的 VLAN 10 和 VLAN 20 的用户使用了 VRRP 负载均衡。

关于 VRRP 备份与负载均衡的问题，请参考本书 VRRP 项目部分。

本项目只配置 2 个三层交换机和 2 个路由器，实现 OSPF 的路由互通。

1. 设备的基本配置

（1）路由器 router0 配置

```
router0(config)#
router0(config)#int f0/0
router0(config-if)#no shut
router0(config-if)#ip address 192.168.3.1 255.255.255.252
router0(config-if)#int f0/1
router0(config-if)#no shut
router0(config-if)#ip address 192.168.3.5 255.255.255.252
router0(config-if)#int f1/0
router0(config-if)#no shut
router0(config-if)#ip address 192.168.3.9 255.255.255.252
router0(config-if)#exit
router0(config)#
```

（2）路由器 router1 配置

```
router1(config)#
router1(config)#int f0/0
router1(config-if)#no shut
router1(config-if)#ip address 192.168.4.1 255.255.255.0
router1(config-if)#int f0/1
router1(config-if)#no shut
router1(config-if)#ip address 192.168.5.1 255.255.255.0
router1(config-if)#int f1/0
router1(config-if)#no shut
router1(config-if)#ip address 192.168.3.10 255.255.255.252
router1(config-if)#exit
router1(config)#
```

（3）三层交换机 3560switch0 配置
```
3560switch0(config)#
3560switch0(config)#int f0/1
3560switch0(config-if)#no switchport
3560switch0(config-if)#no shut
3560switch0(config-if)#ip address 192.168.3.2 255.255.255.252
3560switch0(config-if)#int vlan 10
3560switch0(config-if)#no shut
3560switch0(config-if)#ip address 192.168.1.1 255.255.255.0
3560switch0(config-if)#int vlan 20
3560switch0(config-if)#no shut
3560switch0(config-if)#ip address 192.168.2.1 255.255.255.0
3560switch0(config-if)#exit
3560switch0(config)#
```
（4）三层交换机 3560switch1 配置
```
3560switch1(config)#int f0/1
3560switch1(config-if)#no switchport
3560switch1(config-if)#no shut
3560switch1(config-if)#ip address 192.168.3.6 255.255.255.252
3560switch1(config-if)#int vlan 10
3560switch1(config-if)#no shut
3560switch1(config-if)#ip address 192.168.1.2 255.255.255.0
3560switch1(config-if)#int vlan 20
3560switch1(config-if)#no shut
3560switch1(config-if)#ip address 192.168.2.2 255.255.255.0
3560switch1(config-if)#exit
3560switch1(config)#
```

2. 设备的 OSPF 路由配置

（1）路由器 router0 配置
```
router0(config)#
router0(config)#router ospf 1
router0(config-router)#network 192.168.3.1 0.0.0.0 area 0
router0(config-router)#network 192.168.3.5 0.0.0.0 area 0
router0(config-router)#network 192.168.3.9 0.0.0.0 area 0
router0(config-router)#exit
router0(config)#
```

（2）路由器 router1 配置
```
router1(config)#
router1(config)#router ospf 1
router1(config-router)#network 192.168.3.10 0.0.0.0 area 0
router1(config-router)#network 192.168.4.1 0.0.0.0 area 0
router1(config-router)#network 192.168.5.1 0.0.0.0 area 0
router1(config-router)#exit
router1(config)#
```

（3）三层交换机 3560switch0 配置
```
3560switch0(config)#
3560switch0(config)#router ospf 1
```

3560switch0(config-router)#network 192.168.3.2 0.0.0.0 area 0
3560switch0(config-router)#network 192.168.1.1 0.0.0.0 area 0
3560switch0(config-router)#network 192.168.2.1 0.0.0.0 area 0
3560switch0(config-router)#exit
3560switch0(config)#

(4) 三层交换机 3560switch1 配置

3560switch1(config)#
3560switch1(config)#router ospf 1
3560switch1(config-router)#network 192.168.3.6 0.0.0.0 area 0
3560switch1(config-router)#network 192.168.1.2 0.0.0.0 area 0
3560switch1(config-router)#network 192.168.2.2 0.0.0.0 area 0
3560switch1(config-router)#exit
3560switch1(config)#

通过以上配置，我们可以检查 4 个设备的路由表。

路由器 router0 的路由表如图 9-24 所示。

```
router0#show ip route
Codes: C - connected, S - static, I - IGRP, R - RIP, M - mobile, B - BGP
       D - EIGRP, EX - EIGRP external, O - OSPF, IA - OSPF inter area
       N1 - OSPF NSSA external type 1, N2 - OSPF NSSA external type 2
       E1 - OSPF external type 1, E2 - OSPF external type 2, E - EGP
       i - IS-IS, L1 - IS-IS level-1, L2 - IS-IS level-2, ia - IS-IS inter area
       * - candidate default, U - per-user static route, o - ODR
       P - periodic downloaded static route

Gateway of last resort is not set

O    192.168.1.0/24 [110/2] via 192.168.3.2, 00:00:19, FastEthernet0/0
                    [110/2] via 192.168.3.6, 00:00:19, FastEthernet0/1
O    192.168.2.0/24 [110/2] via 192.168.3.2, 00:00:19, FastEthernet0/0
                    [110/2] via 192.168.3.6, 00:00:19, FastEthernet0/1
     192.168.3.0/30 is subnetted, 3 subnets
C       192.168.3.0 is directly connected, FastEthernet0/0
C       192.168.3.4 is directly connected, FastEthernet0/1
C       192.168.3.8 is directly connected, FastEthernet1/0
O    192.168.4.0/24 [110/2] via 192.168.3.10, 00:00:19, FastEthernet1/0
O    192.168.5.0/24 [110/2] via 192.168.3.10, 00:00:19, FastEthernet1/0
```

图 9-24

路由器 router1 的路由表如图 9-25 所示。

```
router1#
router1#show ip route
Codes: C - connected, S - static, I - IGRP, R - RIP, M - mobile, B - BGP
       D - EIGRP, EX - EIGRP external, O - OSPF, IA - OSPF inter area
       N1 - OSPF NSSA external type 1, N2 - OSPF NSSA external type 2
       E1 - OSPF external type 1, E2 - OSPF external type 2, E - EGP
       i - IS-IS, L1 - IS-IS level-1, L2 - IS-IS level-2, ia - IS-IS inter area
       * - candidate default, U - per-user static route, o - ODR
       P - periodic downloaded static route

Gateway of last resort is not set

O    192.168.1.0/24 [110/3] via 192.168.3.9, 00:00:56, FastEthernet1/0
O    192.168.2.0/24 [110/3] via 192.168.3.9, 00:00:56, FastEthernet1/0
     192.168.3.0/30 is subnetted, 3 subnets
O       192.168.3.0 [110/2] via 192.168.3.9, 00:00:56, FastEthernet1/0
O       192.168.3.4 [110/2] via 192.168.3.9, 00:00:56, FastEthernet1/0
C       192.168.3.8 is directly connected, FastEthernet1/0
C    192.168.4.0/24 is directly connected, FastEthernet0/0
C    192.168.5.0/24 is directly connected, FastEthernet0/1
```

图 9-25

三层交换机 3560switch0 的路由表如图 9-26 所示。

```
3560switch0#show ip route
Codes: C - connected, S - static, I - IGRP, R - RIP, M - mobile, B - BGP
       D - EIGRP, EX - EIGRP external, O - OSPF, IA - OSPF inter area
       N1 - OSPF NSSA external type 1, N2 - OSPF NSSA external type 2
       E1 - OSPF external type 1, E2 - OSPF external type 2, E - EGP
       i - IS-IS, L1 - IS-IS level-1, L2 - IS-IS level-2, ia - IS-IS inter area
       * - candidate default, U - per-user static route, o - ODR
       P - periodic downloaded static route

Gateway of last resort is not set

C    192.168.1.0/24 is directly connected, Vlan10
C    192.168.2.0/24 is directly connected, Vlan20
     192.168.3.0/30 is subnetted, 3 subnets
C       192.168.3.0 is directly connected, FastEthernet0/1
O       192.168.3.4 [110/2] via 192.168.3.1, 00:01:34, FastEthernet0/1
                    [110/2] via 192.168.1.2, 00:01:34, Vlan10
                    [110/2] via 192.168.2.2, 00:01:34, Vlan20
O       192.168.3.8 [110/2] via 192.168.3.1, 00:01:34, FastEthernet0/1
O    192.168.4.0/24 [110/3] via 192.168.3.1, 00:01:34, FastEthernet0/1
O    192.168.5.0/24 [110/3] via 192.168.3.1, 00:01:34, FastEthernet0/1
```

图 9-26

三层交换机 3560switch1 的路由表如图 9-27 所示。

```
3560switch1#show ip route
Codes: C - connected, S - static, I - IGRP, R - RIP, M - mobile, B - BGP
       D - EIGRP, EX - EIGRP external, O - OSPF, IA - OSPF inter area
       N1 - OSPF NSSA external type 1, N2 - OSPF NSSA external type 2
       E1 - OSPF external type 1, E2 - OSPF external type 2, E - EGP
       i - IS-IS, L1 - IS-IS level-1, L2 - IS-IS level-2, ia - IS-IS inter area
       * - candidate default, U - per-user static route, o - ODR
       P - periodic downloaded static route

Gateway of last resort is not set

C    192.168.1.0/24 is directly connected, Vlan10
C    192.168.2.0/24 is directly connected, Vlan20
     192.168.3.0/30 is subnetted, 3 subnets
O       192.168.3.0 [110/2] via 192.168.3.5, 00:02:17, FastEthernet0/1
                    [110/2] via 192.168.1.1, 00:02:17, Vlan10
                    [110/2] via 192.168.2.1, 00:02:17, Vlan20
C       192.168.3.4 is directly connected, FastEthernet0/1
O       192.168.3.8 [110/2] via 192.168.3.5, 00:02:17, FastEthernet0/1
O    192.168.4.0/24 [110/3] via 192.168.3.5, 00:02:17, FastEthernet0/1
O    192.168.5.0/24 [110/3] via 192.168.3.5, 00:02:17, FastEthernet0/1
```

图 9-27

从 4 个设备的路由表，我们可以看到所有设备的路由都是完整的，接着，我们测试 192.168.1.0/24 和 192.168.2.0/24 网络到 192.168.4.0/24 和 192.168.5.0/24 网络的通信。

从图 9-28 可以看出 192.168.1.0/24 网络与 192.168.4.0/24 和 192.168.5.0/24 网络的通信已经正常。

```
PC>ipconfig

IP Address......................: 192.168.1.3
Subnet Mask.....................: 255.255.255.0
Default Gateway.................: 192.168.1.1

PC>ping 192.168.4.2

Pinging 192.168.4.2 with 32 bytes of data:

Reply from 192.168.4.2: bytes=32 time=141ms TTL=125
Reply from 192.168.4.2: bytes=32 time=153ms TTL=125
Reply from 192.168.4.2: bytes=32 time=187ms TTL=125
Reply from 192.168.4.2: bytes=32 time=203ms TTL=125

Ping statistics for 192.168.4.2:
    Packets: Sent = 4, Received = 4, Lost = 0 (0% loss),
Approximate round trip times in milli-seconds:
    Minimum = 141ms, Maximum = 203ms, Average = 171ms

PC>ping 192.168.5.2

Pinging 192.168.5.2 with 32 bytes of data:

Reply from 192.168.5.2: bytes=32 time=172ms TTL=125
Reply from 192.168.5.2: bytes=32 time=156ms TTL=125
Reply from 192.168.5.2: bytes=32 time=187ms TTL=125
Reply from 192.168.5.2: bytes=32 time=203ms TTL=125

Ping statistics for 192.168.5.2:
    Packets: Sent = 4, Received = 4, Lost = 0 (0% loss),
Approximate round trip times in milli-seconds:
    Minimum = 156ms, Maximum = 203ms, Average = 179ms
```

图 9-28

从图9-29可以看出192.168.2.0/24网络与192.168.4.0/24和192.168.5.0/24网络的通信已经正常。

```
PC>ipconfig

IP Address......................: 192.168.2.3
Subnet Mask.....................: 255.255.255.0
Default Gateway.................: 192.168.2.1

PC>ping 192.168.4.2

Pinging 192.168.4.2 with 32 bytes of data:

Reply from 192.168.4.2: bytes=32 time=202ms TTL=125
Reply from 192.168.4.2: bytes=32 time=203ms TTL=125
Reply from 192.168.4.2: bytes=32 time=219ms TTL=125
Reply from 192.168.4.2: bytes=32 time=187ms TTL=125

Ping statistics for 192.168.4.2:
    Packets: Sent = 4, Received = 4, Lost = 0 (0% loss),
Approximate round trip times in milli-seconds:
    Minimum = 187ms, Maximum = 219ms, Average = 202ms

PC>ping 192.168.5.2

Pinging 192.168.5.2 with 32 bytes of data:

Reply from 192.168.5.2: bytes=32 time=156ms TTL=125
Reply from 192.168.5.2: bytes=32 time=202ms TTL=125
Reply from 192.168.5.2: bytes=32 time=219ms TTL=125
Reply from 192.168.5.2: bytes=32 time=203ms TTL=125

Ping statistics for 192.168.5.2:
    Packets: Sent = 4, Received = 4, Lost = 0 (0% loss),
Approximate round trip times in milli-seconds:
    Minimum = 156ms, Maximum = 219ms, Average = 195ms
```

图 9-29

项目十

帧中继 frame-relay

案例描述

万达公司是一家从事塑钢型材的生产销售公司，公司产品主要面向西部省份，总部位于成都，在重庆、贵阳、昆明设立了 3 个分公司。每天，3 个分公司都与总公司有不定量的文件传输，为了满足公司的发展，决定将 3 个分公司网络与总公司网络联为一体，通过与多家系统集成商的交流和谈判，最终选定帧中继连接方案，具体拓扑如下图所示。你作为系统集成商的售后实施工程师，请按要求将网络连通。

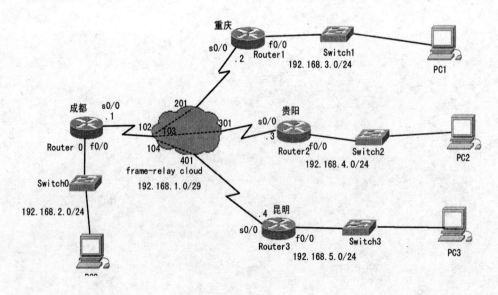

拓扑图

10.1 帧中继简介

帧中继是一种在 OSI 参考模型的物理层和数据链路层工作的高性能 WAN 协议。帧中继最初是从综合业务数字网中发展起来的，并在 1984 年推荐为国际电话电报咨询委员会（CCITT）的一项标准。由于光纤网比早期的电话网误码率低得多，因此，可以减少 X.25 的某些差错控制过程，从而可以减少结点的处理时间，提高网络的吞吐量。帧中继就是在这种环境下产生的。帧中继提供的是数据链路层和物理层的协议规范，任何高层协议都独立于帧中继协议，因此，大大地简化了帧中继的实现。帧中继是一种先进的广域网技术，实质上也是分组通信的一种形式，只不过它将 X.25 分组网中分组交换机之间的恢复差错、防止阻塞的处理过程进行了简化。

通过将数据链路层和网络层的必备功能整合到一个简单的协议中，帧中继可以高速有效地处理大量的流量。作为数据链路层协议，帧中继提供网络接入功能，以正确的顺序界定和传送帧并通过标准的循环冗余校验机制识别传输错误。作为网络层协议，帧中继在单个物理电路上提供多个逻辑连接，允许网络通过这些连接将数据发送到目的地。

ISP 使用帧中继互连 LAN 时，每个 LAN 上的路由器就是 DTE。串行连接在运营商最近的 POP 将路由器连接到运营商的帧中继交换机。帧中继交换机是 DCE 设备。网络交换机在网络上传输来自某个 DTE 的帧，这些帧途经各个 DCE 设备后被发送到其他 DTE。即使计算设备不在 LAN 上，数据也可通过帧中继网络来发送。如图 10-1 所示。

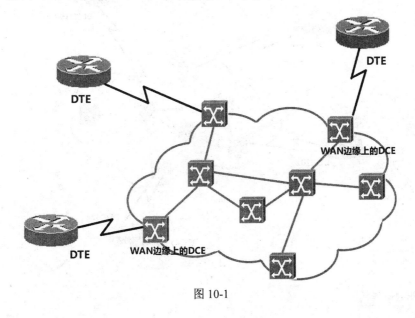

图 10-1

10.1.1 虚电路

两个 DTE 之间通过帧中继网络实现的连接叫做虚电路。这种电路之所以叫做虚电路是因为端到端之间并没有直接的电路连接。这种连接是逻辑连接，数据不通过任何直接电路即从一端移动到另一端。利用虚电路，帧中继允许多个用户共享带宽，而无需使用多条专用物理线路，便可在任意站点间实现通信。

建立虚电路的方法有两种：

SVC 即交换虚电路，通过向网络发送信令消息动态建立。

PVC 即永久虚电路，运营商预配置的电路，也是最常见的方式。

虚电路提供一台设备到另一台设备之间的双向通信路径。虚电路是以数据链路连接标识符 DLCI 标识的。DLCI 值通常由帧中继运营商分配。帧中继 DLCI 值仅具有本地意义，也就是说这些值本身在帧中继 WAN 中并不是唯一的。DLCI 标识的是通往端点处设备的虚电路。DLCI 在单链路之外没有意义。虚电路连接的两台设备可以使用不同的 DLCI 值来引用同一个连接。帧中继服务提供商负责分配 DLCI 编号。通常，DLCI0～15 和 1008～1023 留作特殊用途。因此，服务提供商分配的 DLCI 范围通常为 16～1007。

帧中继是统计复用电路，这意味着它每次只传输一个数据帧，但在同一物理线路上允许同时存在多个逻辑连接。连接到帧中继网络的路由器可能通过多条虚电路连接到各个端点。同一物理线路上的多条虚电路可以相互区分，因为每条虚电路都有自己的 DLCI。

当帧中继为多个逻辑会话提供多路复用时，ISP 的交换设备首先要建立一个对应表，该表用来将不同的 DLCI 值映射到出站端口，其次，当接收到一个数据帧时，交换设备分析其 DLCI 并将该数据帧发送到相应的端口。最后，在第一个数据帧发送之前，将建立一条通往目的地的完整路径。如图 10-2 所示。

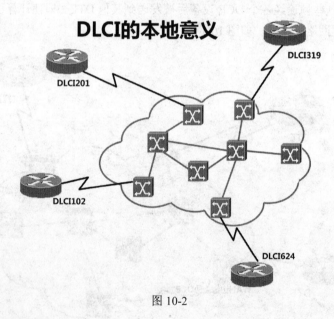

图 10-2

10.1.2 帧中继封装

前面已经提到，帧中继是一个数据链路层协议，正如你想的一样，帧中继接受网络层协议发来的数据包，将其封装为帧中继数据帧的数据部分，然后再将数据帧传递给物理层以在电缆上传送。Cisco 路由器上串行接口的默认封装类型是 Cisco 专用版的 HDLC。要将封装从 HDLC 更改为帧中

继，需要使用 encapsulation frame-relay [cisco | ietf] 命令。删除接口上的帧中继封装并将接口恢复为默认的 HDLC 封装可以在 encapsulation frame-relay 命令前加上 no。

在 Cisco 路由器接口上启用的默认帧中继封装为 Cisco 封装。如果连接到另一台 Cisco 路由器，则应该使用此选项。某些其他厂家设备也支持这种类型的封装。它使用 4 字节的头部，其中 2 个字节用于标识 DLCI，2 个字节用于标识数据包类型。另一类帧中继封装类型是 IETF，符合 RFC 1490 和 RFC 2427 的规定。如果连接到其他不支持 Cisco 封装类型的路由器，则应该使用此选项。

10.1.3 帧中继拓扑

在网络基础中，我们学习了网络的拓扑结构，有星型、总线型、环型、树型等。

帧中继网络与以太网类似的一点是，它们都是多路访问网络，可以用来连接 2 个以上的设备，所以当我们考虑连接两个以上的站点时，必须考虑各个站点间的连接拓扑。

常见的帧中继拓扑有 3 种结构：

1. 全网状拓扑 full-mesh

全网状拓扑适用的情况是要访问的服务位置在地理上分散，并且对这些服务的访问必须确保很高的可靠性。在全网状拓扑中，所有路由器都有到其他每个路由器的直连 PVC，WAN 中 PVC 的总数为 n(n-1)/2，其中 n 是网络中的节点数。这样做的好处在于随着冗余度的提高，可靠性也相应提高。ISP 会对增加的带宽收费，但这种解决方案通常比使用专用线路更省钱。如图 10-3 所示。

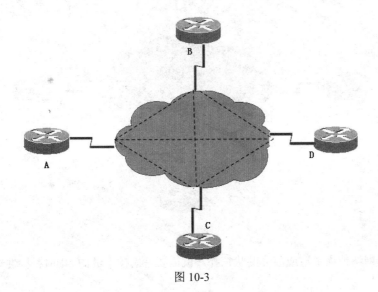

图 10-3

2. 部分网状拓扑 partial-mesh

在一个部分网状拓扑中，并非所有站点都有到每个节点的直接 PVC。使用部分网状拓扑时，所需的互连连接比星型拓扑多，但比全网状拓扑少。如图 10-4 所示。

3. 星型 hub-and-spoke

星型拓扑是最常见的帧中继网络拓扑，成本最低。在这种拓扑中，只有一个节点到其他所有节点有直接的 PVC，除此节点以外的其他节点都只有 1 条 PVC，也就是说除此节点以外的其他任意 2 个节点间都没有直接 PVC。如图 10-5 所示。

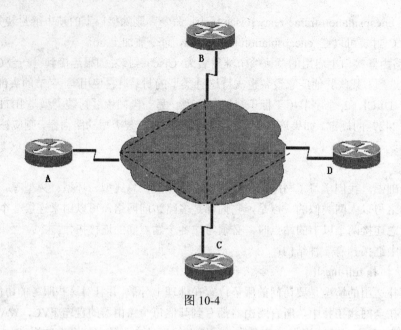

图 10-4

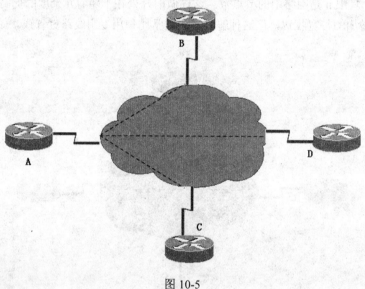

图 10-5

如果帧中继网络使用星型或部分网状拓扑,就需要考虑帧中继的 NBMA 特性。特别是水平分割的问题。

10.1.4 帧中继映射

路由器要在帧中继上传输数据,需要先知道哪个本地 DLCI 映射到远程目的地的第 3 层地址。Cisco 路由器支持帧中继上的所有网络层协议。这种地址到 DLCI 的映射可通过静态映射或动态映射完成。

逆向地址解析协议(inverseARP)从帧中继网络中的 DLCI 中获取其他站点的第 3 层地址。ARP 将第 3 层地址转换为第 2 层地址,inverseARP 则正好相反。动态地址映射依靠逆向 ARP 将下一跳的网络协议地址解析为本地 DLCI 值。帧中继路由器在其 PVC 上发送逆向 ARP 请求，以向帧中继网络告知远程设备的协议地址。路由器将请求的响应结果填充到帧中继路由器或接入服务器上的地址到 DLCI 的映射表中。路由器建立并维护该映射表，映射表中包含所有已解析的逆向 ARP 请求，包括动态和静态映射条目。网络管理员可以选择手动补充下一跳协议地址到本地 DLCI 的静态映射来代替动态逆向 ARP 映射。静态映射的工作方式与动态逆向 ARP 相似，它将指定的下一跳协议地址关联到某个本地帧中继 DLCI。不能对同一个 DLCI 和协议同时使用逆向 ARP 和映射语句。

10.2 帧中继本地管理接口 LMI

本地管理接口 LMI 是对于基本的帧中继规范的一系列增强。LMI 是由 Cisco 等公司于 1990 年开发出来的。它提供了管理复杂网络的很多特性。关键的帧中继 LMI 扩展包括全局寻址、虚拟电路状态消息和组播。

LMI 是一种 keepalive（保持连接）的机制，提供路由器（DTE）和帧中继交换机（DCE）之间的帧中继连接的状态信息。终端设备每 10 秒（或大概如此）轮询一次网络，请求哑序列响应或通道状态信息。如果网络没有响应请求的信息，用户设备可能会认为连接已关闭。网络作出 Full Status 响应时，响应中包含为该线路分配的 DLCI 的状态信息。终端设备可以使用此信息判断逻辑连接是否能够传递数据。

LMI 是路由器与帧中继交换机之间使用的信令标准，交换机使用 LMI 确定已定义的 DLCI 及其状态。LMI 有几种类型，每一种都与其他类型不兼容。路由器上配置的 LMI 类型必须与服务提供商使用的类型一致。Cisco 路由器支持以下三种 LMI：Cisco、Ansi、q933a。

10.3 帧中继子接口

通常情况下，帧中继网使用星型拓扑。然而，基于水平分割原则的基本路由操作可能会导致帧中继 NBMA 网络上出现连通性问题。水平分割是一种利用距离矢量路由协议防止网络中出现路由环路的技术。通过禁止将某个接口上接收的路由更新从该接口转发出去，水平分割更新可以减少路由环路。图 10-5 中路由器 A 作为中心路由器承担着将其他路由器的路由信息转发出去的任务，但由于水平分割的原因，A 在收到 B、C、D 来的路由信息后没有将信息从 S0 接口发送出去，直接导致 B、C、D 互相学习不到对方的路由信息。为了解决这个问题，最简单的方案就是关闭水平分割，但此方案带来的另一个严重问题是增加了网络中出现路由环路的风险。除此以外，我们还可以采用帧中继全网状拓扑来解决，但成本过于高昂。

在帧中继网络中解决此问题最好的方案是划分帧中继子接口。子接口是物理接口的逻辑成员，一个物理接口可以划分大量的逻辑子接口，路由器将逻辑子接口与物理接口同样对待。图中路由器 A 的 S0 接口划分了子接口后，3 个子接口分别对应 B、C、D 这 3 个路由器，就顺利地解决了水平分割的问题。

10.3.1 点到点子接口

一个点对点子接口可建立一个到远程路由器上其他物理接口或子接口的永久虚电路连接。在这种情况下，每对点对点路由器位于自己的子网（subnet）上，每个点对点子接口都有一个 DLCI。

在点对点环境中，每个子接口的工作与点对点接口类似。通常，每个点对点虚电路都有一个独立的子网。因此，点对点子接口能够很好地解决水平分割规则所带来的路由问题，同时也付出了 IP 地址浪费的代价。

10.3.2 多点子接口

一个多点子接口可建立多个到远程路由器上多个物理接口或多个子接口的永久虚电路连接。所有参与连接的接口都位于同一子网中。

10.4 帧中继配置

10.4.1 帧中继基本配置

帧中继基本配置包括以下 4 个步骤：

（1）设置接口的 IP 地址

Router(config)#interface *interface type port*

Router(config-if)#ip address *ip address network mask*

（2）配置封装

Router(config-if)#encapsulation frame-relay [cisco | ietf]

（3）设置带宽

Router(config-if)#bandwidth *bandwidth*

（4）设置 LMI 类型

Router(config-if)#frame-relay lmi-type [cisco/ansi/Q933A]

10.4.2 配置静态帧中继映射

Cisco 路由器 IP 地址到 DLCI 的映射可通过静态映射或动态映射完成。

动态映射通过逆向 ARP 功能来完成。由于逆向 ARP 为默认启用的配置，因此无需另外执行任何命令即可在接口上配置动态映射。

静态映射需要在路由器上手动进行配置。静态映射的建立应根据网络需求而定。要在下一跳协议地址和 DLCI 目的地址之间进行映射。

Router(config-if)#frame-relay map ip *ip-address dlci [broadcast]*

由于 NBMA 不支持广播流量，所以使用关键字 broadcast 允许在永久虚电路上广播和组播，实际上是将广播转换为单播，以便另一个节点可获取路由更新。

10.4.3 配置帧中继子接口

1. 创建点对点子接口

Router(config)#interface serial 0/0/0.100 point-to-point

2. 将 DLCI 号分配到此子接口

Router(config-subif)#frame-relay interface-dlci 100

10.4.4 检验帧中继接口

常用于帧中继网络排错的命令主要有以下几个：

1. show interfaces

用于检验帧中继在该接口上是否正常运行。显示封装的设置方式以及有用的第 1 层和第 2 层状态信息，包括 LMI 类型、LMI DLCI、DTE/DCE 类型等。

2. show frame-relay lmi

用于查看 LMI 统计信息。

3. show frame-relay pvc

用于查看 PVC 和流量统计信息。PVC 的状态可以是 active、inactive 或 deleted。

4. show frame-relay map

用于显示当前映射条目和有关该连接的信息。

项目实施

从拓扑图上的信息，我们可以知道，总公司为了连接 3 个分公司，向帧中继运营商申请了 3 条 PVC，这 3 条 PVC 分别是成都↔重庆，成都↔贵阳，成都↔昆明，形成了一个星型的帧中继拓扑，帧中继部分网络号为 192.168.1.0/29，成都总公司网络为 192.168.2.0/24，重庆分公司网络为 192.168.3.0/24，贵阳分公司网络为 192.168.4.0/24，昆明分公司网络为 192.168.5.0/24。路由策略可以采用静态路由或者 OSPF 动态路由，为了减轻路由器负担，建议采用静态路由。具体的配置如下：

成都总公司路由器配置如图 10-6 所示。

```
chengdu(config)#int s0/0
chengdu(config-if)#encapsulation frame-relay
chengdu(config-if)#
%LINEPROTO-5-UPDOWN: Line protocol on Interface Serial0/0, changed state to up

chengdu(config-if)#ip address 192.168.1.1 255.255.255.248
chengdu(config-if)#int f0/0
chengdu(config-if)#no shut
chengdu(config-if)#ip address 192.168.2.1 255.255.255.0
chengdu(config-if)#exit
chengdu(config)#ip route 192.168.3.0 255.255.255.0 192.168.1.2
chengdu(config)#ip route 192.168.4.0 255.255.255.0 192.168.1.3
chengdu(config)#ip route 192.168.5.0 255.255.255.0 192.168.1.4
chengdu(config)#
```

图 10-6

重庆分公司路由器配置如图 10-7 所示。

```
chongqing(config)#int s0/0
chongqing(config-if)#encapsulation frame-relay
chongqing(config-if)#
%LINEPROTO-5-UPDOWN: Line protocol on Interface Serial0/0, changed state to up

chongqing(config-if)#ip address 192.168.1.2 255.255.255.248
chongqing(config-if)#int f0/0
chongqing(config-if)#no shut
chongqing(config-if)#ip address 192.168.3.1 255.255.255.0
chongqing(config-if)#exit
chongqing(config)#ip route 0.0.0.0 0.0.0.0 192.168.1.1
```

图 10-7

贵阳分公司路由器配置如图 10-8 所示。

```
guiyang(config)#int s0/0
guiyang(config-if)#encapsulation frame-relay
guiyang(config-if)#
%LINEPROTO-5-UPDOWN: Line protocol on Interface Serial0/0, changed state to up

guiyang(config-if)#ip address 192.168.1.3 255.255.255.248
guiyang(config-if)#int f0/0
guiyang(config-if)#no shut
guiyang(config-if)#ip address 192.168.4.1 255.255.255.0
guiyang(config-if)#exit
guiyang(config)#ip route 0.0.0.0 0.0.0.0 192.168.1.1
guiyang(config)#
```

图 10-8

昆明分公司路由器配置如图 10-9 所示。

```
kunming(config)#int s0/0
kunming(config-if)#encapsulation frame-relay
kunming(config-if)#
%LINEPROTO-5-UPDOWN: Line protocol on Interface Serial0/0, changed state to up

kunming(config-if)#ip address 192.168.1.4 255.255.255.248
kunming(config-if)#int f0/0
kunming(config-if)#no shut
kunming(config-if)#ip address 192.168.5.1 255.255.255.0
kunming(config-if)#exit
kunming(config)#ip route 0.0.0.0 0.0.0.0 192.168.1.1
kunming(config)#
```

图 10-9

配置完成后,我们先检查 4 个路由器的帧中继状态:

总公司路由器帧中继状态如图 10-10 所示。

```
chengdu#show frame-relay pvc

PVC Statistics for interface Serial0/0 (Frame Relay DTE)
DLCI = 102, DLCI USAGE = LOCAL, PVC STATUS = ACTIVE, INTERFACE = Serial0/0

input pkts 14055      output pkts 32795      in bytes 1096228
out bytes 6216155     dropped pkts 0         in FECN pkts 0
in BECN pkts 0        out FECN pkts 0        out BECN pkts 0
in DE pkts 0          out DE pkts 0
out bcast pkts 32795  out bcast bytes 6216155

DLCI = 103, DLCI USAGE = LOCAL, PVC STATUS = ACTIVE, INTERFACE = Serial0/0

input pkts 14055      output pkts 32795      in bytes 1096228
out bytes 6216155     dropped pkts 0         in FECN pkts 0
in BECN pkts 0        out FECN pkts 0        out BECN pkts 0
in DE pkts 0          out DE pkts 0
out bcast pkts 32795  out bcast bytes 6216155

DLCI = 104, DLCI USAGE = LOCAL, PVC STATUS = ACTIVE, INTERFACE = Serial0/0

input pkts 14055      output pkts 32795      in bytes 1096228
out bytes 6216155     dropped pkts 0         in FECN pkts 0
in BECN pkts 0        out FECN pkts 0        out BECN pkts 0
in DE pkts 0          out DE pkts 0
out bcast pkts 32795  out bcast bytes 6216155

chengdu#show frame-relay map
Serial0/0 (up): ip 192.168.1.2 dlci 102, dynamic, broadcast, CISCO, status defin
ed, active
Serial0/0 (up): ip 192.168.1.3 dlci 103, dynamic, broadcast, CISCO, status defin
ed, active
Serial0/0 (up): ip 192.168.1.4 dlci 104, dynamic, broadcast, CISCO, status defin
ed, active
```

图 10-10

重庆分公司路由器帧中继状态如图 10-11 所示。

```
chongqing#show frame-relay pvc

PVC Statistics for interface Serial0/0 (Frame Relay DTE)
DLCI = 201, DLCI USAGE = LOCAL, PVC STATUS = ACTIVE, INTERFACE = Serial0/0

  input pkts 14055        output pkts 32795         in bytes 1096228
  out bytes 6216155       dropped pkts 0            in FECN pkts 0
  in BECN pkts 0          out FECN pkts 0           out BECN pkts 0
  in DE pkts 0            out DE pkts 0
  out bcast pkts 32795    out bcast bytes 6216155

chongqing#show frame-relay map
Serial0/0 (up): ip 192.168.1.1 dlci 201, dynamic, broadcast, CISCO, status defin
ed, active
```

图 10-11

贵阳分公司路由器帧中继状态如图 10-12 所示。

```
guiyang#show frame-relay pvc

PVC Statistics for interface Serial0/0 (Frame Relay DTE)
DLCI = 301, DLCI USAGE = LOCAL, PVC STATUS = ACTIVE, INTERFACE = Serial0/0

  input pkts 14055        output pkts 32795         in bytes 1096228
  out bytes 6216155       dropped pkts 0            in FECN pkts 0
  in BECN pkts 0          out FECN pkts 0           out BECN pkts 0
  in DE pkts 0            out DE pkts 0
  out bcast pkts 32795    out bcast bytes 6216155

guiyang#show frame-relay map
Serial0/0 (up): ip 192.168.1.1 dlci 301, dynamic, broadcast, CISCO, status defin
ed, active
```

图 10-12

昆明分公司路由器帧中继状态如图 10-13 所示。

```
kunming#show frame-relay pvc

PVC Statistics for interface Serial0/0 (Frame Relay DTE)
DLCI = 401, DLCI USAGE = LOCAL, PVC STATUS = ACTIVE, INTERFACE = Serial0/0

  input pkts 14055        output pkts 32795         in bytes 1096228
  out bytes 6216155       dropped pkts 0            in FECN pkts 0
  in BECN pkts 0          out FECN pkts 0           out BECN pkts 0
  in DE pkts 0            out DE pkts 0
  out bcast pkts 32795    out bcast bytes 6216155

kunming#show frame-relay map
Serial0/0 (up): ip 192.168.1.1 dlci 401, dynamic, broadcast, CISCO, status defin
ed, active
```

图 10-13

通过配置总公司和分公司共 4 台路由器，我们可以测试总公司与分公司网络间的连通性来判断总公司与分公司网络间是否能正常通信。

总公司用户 ping 3 个分公司用户如图 10-14 所示。

```
PC>ping 192.168.3.2

Pinging 192.168.3.2 with 32 bytes of data:

Request timed out.
Reply from 192.168.3.2: bytes=32 time=187ms TTL=126
Reply from 192.168.3.2: bytes=32 time=141ms TTL=126
Reply from 192.168.3.2: bytes=32 time=156ms TTL=126

Ping statistics for 192.168.3.2:
    Packets: Sent = 4, Received = 3, Lost = 1 (25% loss),
Approximate round trip times in milli-seconds:
    Minimum = 141ms, Maximum = 187ms, Average = 161ms

PC>ping 192.168.4.2

Pinging 192.168.4.2 with 32 bytes of data:

Request timed out.
Reply from 192.168.4.2: bytes=32 time=187ms TTL=126
Reply from 192.168.4.2: bytes=32 time=187ms TTL=126
Reply from 192.168.4.2: bytes=32 time=156ms TTL=126

Ping statistics for 192.168.4.2:
    Packets: Sent = 4, Received = 3, Lost = 1 (25% loss),
Approximate round trip times in milli-seconds:
    Minimum = 156ms, Maximum = 187ms, Average = 176ms

PC>ping 192.168.5.2

Pinging 192.168.5.2 with 32 bytes of data:

Request timed out.
Reply from 192.168.5.2: bytes=32 time=150ms TTL=126
Reply from 192.168.5.2: bytes=32 time=174ms TTL=126
Reply from 192.168.5.2: bytes=32 time=172ms TTL=126

Ping statistics for 192.168.5.2:
    Packets: Sent = 4, Received = 3, Lost = 1 (25% loss),
Approximate round trip times in milli-seconds:
    Minimum = 150ms, Maximum = 174ms, Average = 165ms
```

图 10-14

重庆分公司到总公司如图 10-15 所示。

```
PC>ipconfig

IP Address......................: 192.168.3.2
Subnet Mask.....................: 255.255.255.0
Default Gateway.................: 192.168.3.1

PC>ping 192.168.2.2

Pinging 192.168.2.2 with 32 bytes of data:

Reply from 192.168.2.2: bytes=32 time=172ms TTL=126
Reply from 192.168.2.2: bytes=32 time=156ms TTL=126
Reply from 192.168.2.2: bytes=32 time=187ms TTL=126
Reply from 192.168.2.2: bytes=32 time=187ms TTL=126

Ping statistics for 192.168.2.2:
    Packets: Sent = 4, Received = 4, Lost = 0 (0% loss),
Approximate round trip times in milli-seconds:
    Minimum = 156ms, Maximum = 187ms, Average = 175ms
```

图 10-15

帧中继 frame-relay 项目十

贵阳分公司到总公司如图 10-16 所示。

```
PC>ipconfig

IP Address......................: 192.168.4.2
Subnet Mask.....................: 255.255.255.0
Default Gateway.................: 192.168.4.1

PC>ping 192.168.2.2

Pinging 192.168.2.2 with 32 bytes of data:

Reply from 192.168.2.2: bytes=32 time=187ms TTL=126
Reply from 192.168.2.2: bytes=32 time=172ms TTL=126
Reply from 192.168.2.2: bytes=32 time=156ms TTL=126
Reply from 192.168.2.2: bytes=32 time=156ms TTL=126

Ping statistics for 192.168.2.2:
    Packets: Sent = 4, Received = 4, Lost = 0 (0% loss),
Approximate round trip times in milli-seconds:
    Minimum = 156ms, Maximum = 187ms, Average = 167ms
```

图 10-16

昆明分公司到总公司如图 10-17 所示。

```
PC>ipconfig

IP Address......................: 192.168.5.2
Subnet Mask.....................: 255.255.255.0
Default Gateway.................: 192.168.5.1

PC>ping 192.168.2.2

Pinging 192.168.2.2 with 32 bytes of data:

Reply from 192.168.2.2: bytes=32 time=188ms TTL=126
Reply from 192.168.2.2: bytes=32 time=187ms TTL=126
Reply from 192.168.2.2: bytes=32 time=156ms TTL=126
Reply from 192.168.2.2: bytes=32 time=156ms TTL=126

Ping statistics for 192.168.2.2:
    Packets: Sent = 4, Received = 4, Lost = 0 (0% loss),
Approximate round trip times in milli-seconds:
    Minimum = 156ms, Maximum = 188ms, Average = 171ms
```

图 10-17

项目十一

基本网络安全 ACL 服务

案例描述

宏图科技是一家从事安全门生产销售的中型企业，企业内部网络结构拓扑如下图所示。技术部和市场部由交换机 switch0 提供接入，通过划分 VLAN 实现广播域隔离，并由路由器 router0 提供单臂路由实现互通。财务部子网和行政部子网分别挂接在路由器 router1 的 F0/1 和 F1/0 接口。为了提高网络的安全性，公司要求财务部的子网只允许行政部子网访问。你作为项目的实施工程师，请使用合理的方案满足用户需求。

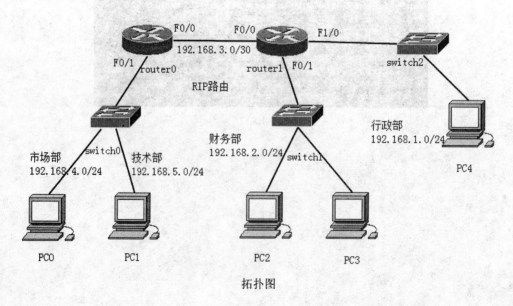

拓扑图

基本网络安全 ACL 服务　　项目十一

11.1　ACL 简介

网络中的流量多种多样，有访问 Web 页面的流量，有电子邮件 E-mail 的流量，有在线聊天的流量，有在线电影的流量，也有网络下载的流量，等等。这些流量中有些是为了办公，有些是为了娱乐；有些流量是安全的，也有一些流量是不安全的。当网络管理员想阻挡某些数据而让其他的一些数据通过时，就需要进行包过滤的配置，访问控制列表（ACL）就是一种用来过滤网络流量的实用工具。

11.1.1　什么是 ACL

访问控制列表（Access Control List，ACL）是指根据预先定义好的访问控制规则对通过该网络节点的数据包进行一一匹配。只有符合访问控制规则的数据包，才允许通过该节点而转发到相应的输出接口，从而达到对数据的访问进行控制。

访问控制列表是一种流量控制技术。流量管理的目的是阻止不需要的流量通过，同时允许合法用户流量能够访问相应的服务。建立访问控制列表后，可以限制网络流量，提高网络性能，对通信流量起到控制，这也是对网络访问的基本安全手段。在路由器的接口上配置访问控制列表后，可以对入站接口、出站接口以及通过路由器中继的数据包进行安全检测。

访问控制列表是控制流入、流出路由器数据包的一种方法。它通过在数据包流入路由器或流出路由器时进行检查、过滤达到流量管理的目的。

访问控制列表不但可以起到控制网络流量、流向的作用，而且在很大程度上起到保护网络设备、服务器的关键作用。作为外网进入企业内网的关卡，路由器上的访问控制列表成为保护内网安全的有效手段。

此外，在路由器的许多其他配置任务中都需要使用访问控制列表，如网络地址转换（Network Address Translation，NAT）、按需拨号路由（Dial on Demand Routing，DDR）、路由重分布（Routing Redistribution）、策略路由（Policy-Based Routing，PBR）等很多场合都需要使用访问控制列表。

访问控制列表使用网际层和传输层中头部信息的源 IP 地址、目的 IP 地址、协议类型（IP、UDP、TCP、ICMP）、源端口号、目的端口号作为判别数据特征的依据。ACL 可以根据这四个要素中的一个或多个的组合来作为判别的标准。匹配第 3 层及第 4 层的头部信息特征的数据包，将执行该条规则规定的允许或者是拒绝通过，对于允许通过的数据包则进行转发，对于拒绝的数据包则直接丢弃，如图 11-1 所示。

11.1.2　ACL 工作原理

在路由器中使用访问控制列表时，访问控制列表是部署在路由器的某个接口的某个方向上。因此，对于路由器来说存在入口方向（Inbound）和出口方向（Outbound）两个方向。在路由器中从某个接口进入路由器称为入口方向；离开路由器称为出口方向。在同一个路由器的两个接口之间转发数据，没有方向区别。如图 11-2 所示，数据包从 Fa0/1 和 Fa0/2 进入路由器，属于 Inbound；数据包从 Fa0/1 和 Fa0/2 离开路由器，属于 Outbound；而数据包从 Fa0/1 转发到 Fa0/2，没有 Inbound 和 Outbound 的概念。

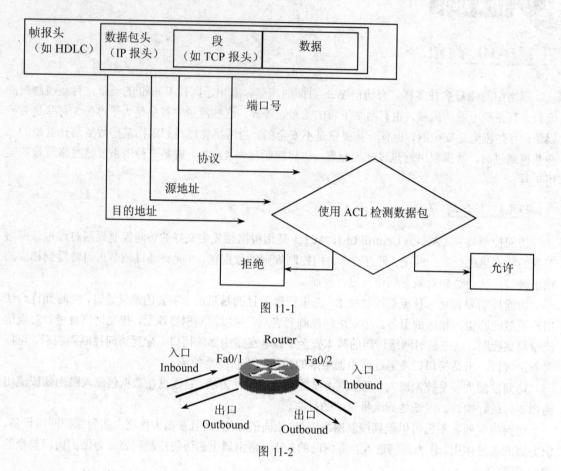

图 11-1

图 11-2

1. ACL 的工作流程

ACL 可被应用在路由器的入口和出口方向上，并且一台路由器上可以设置多个 ACL。但对于一台路由器的某个特定接口的特定方向上，针对某一个协议，如 IP 协议，只能同时应用一个 ACL。

如图 11-3 所示，ACL 应用在路由器出口方向（Outbound）时，首先查找路由表，找到转发接口（如果路由表中没有相应的路由条目，路由器会直接丢弃此数据包，并给源主机发送目的不可达消息）。确定出口后需要检查是否在出接口上配置了 ACL。如果没有配置 ACL，路由器将做与出接口数据链路层协议相同的 2 层封装，并转发数据；如果在出接口上配置了 ACL，则要根据 ACL 制定的规则对数据包进行判断。如果匹配了某一条 ACL 的判断语句并且这条语句的关键字是 permit，则转发数据包；如果匹配了某一条 ACL 的判断语句并且这条语句的关键字是 deny，则丢弃数据包。

由此可知，如果 ACL 是应用在路由器的出口方向（Outbound）时，在路由器中的处理流程为先进行路由选择，然后进行 ACL 判断；相反，如果 ACL 是应用在路由器的入口方向（Inbound）时，则先判断 ACL，然后再进行路由选择，如图 11-4 所示。

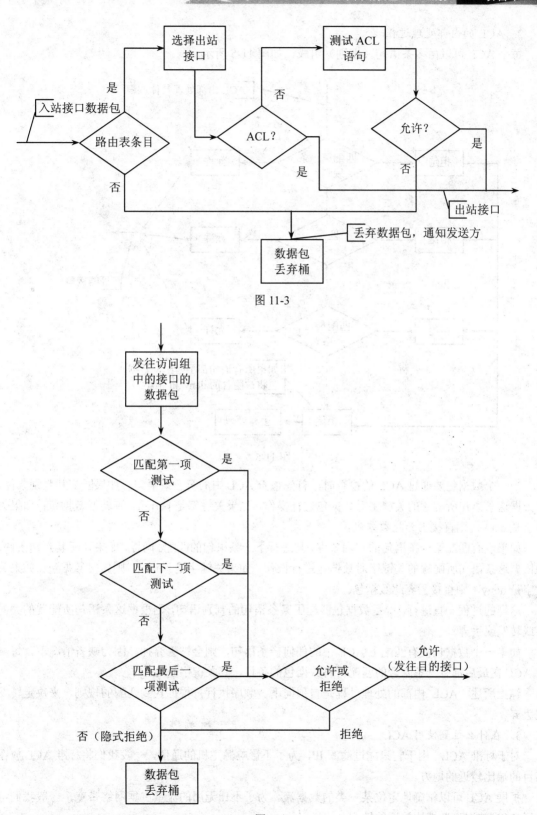

图 11-3

图 11-4

2. ACL 的内部处理过程

每个 ACL 可以由多条语句（规则）组成，如图 11-5 所示。

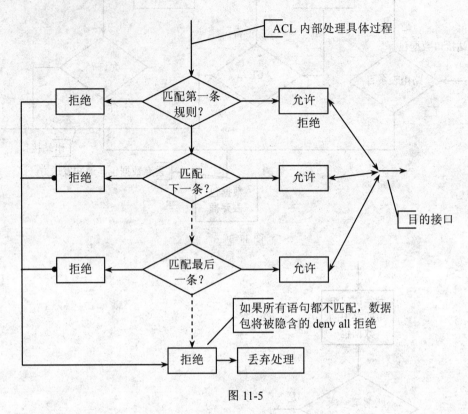

图 11-5

当一个数据包要通过 ACL 的检查时，首先检查 ACL 中的第一条语句。如果匹配其判别条件，则依据这条语句所配置的关键字对数据包进行操作。如果关键字是 permit，则转发数据包；如果关键字是 deny，则直接丢弃此数据包。

如果没有匹配第一条语句的判别条件，则进行下一条语句的匹配。同样，如果匹配其判别条件，则依据这条语句所配置的关键字对数据包进行操作。如果关键字是 permit，则转发数据包；如果关键字是 deny，则直接丢弃此数据包。

这样的过程一直进行。一旦数据包匹配了某条语句的判别语句，则根据这条语句所配置的关键字或转发或丢弃。

如果一个数据包没有匹配上 ACL 中的任何一条语句，则会被丢弃掉。因为缺省情况下，每一个 ACL 在最后都有一条隐含的匹配所有数据包的条目，其关键字是 deny。

综上所述，ACL 内部的处理过程是自顶向下、顺序执行，根据找到匹配的规则，来决定转发或丢弃。

3. 在什么位置使用 ACL

对于标准 ACL，由于它只能过滤源 IP，为了不影响源主机的通信，一般我们将标准 ACL 放在离目的端比较近的地方。

扩展 ACL 可以精确地定位某一类的数据流。为了不让无用的流量占据网络带宽，一般我们将扩展 ACL 放在离源端比较近的地方。

11.1.3 ACL 分类

访问控制列表是一个有序的语句集合,它通过匹配报文信息与访问列表参数,来允许或拒绝报文通过某个接口。因此,访问控制列表也被称为包过滤器。访问控制列表分为两种类型:标准访问控制列表和扩展访问控制列表。

1. 标准访问控制列表

标准访问控制列表只针对数据包的源地址信息作为过滤的标准而不能基于协议或应用来进行过滤。即只能根据数据包是从哪里来的来进行控制,而不能基于数据包的协议类型及应用来对其进行控制。只能粗略地限制某一类协议,如 IP 协议。

2. 扩展访问控制列表

扩展访问控制列表可以针对数据包的源地址、目的地址、协议类型及应用类型(端口号)等信息作为过滤的标准。即可以根据数据包是从哪里来、到哪里去、何种协议、什么样的应用等特征来进行精确地控制。

标准访问控制列表与扩展访问控制列表的比较如表 11-1 所示。

表 11-1

ACL 类型 比较内容	标准 ACL	扩展 ACL
检查参数	只检查源 IP 地址	检查源 IP 地址、目的 IP 地址、协议、端口这 4 个参数
过滤的内容	允许或拒绝整个源	允许或拒绝特定服务和应用
编号取值	1~99	100~199

3. 基于时间的访问控制列表

现实生活中,常有这样一种需求,在某些时间段需要使用访问控制列表,而其余的时间则不需要控制。一个常见的例子是公司为了禁止员工在工作时间段上网做一些与工作无关的事情(例如:网络游戏、在线视频等),就需要使用到基于时间的访问控制列表。

基于时间的访问控制列表类似于扩展的 ACL,但是它可以根据时间执行访问控制。它的优点在于在允许或拒绝资源访问方面为网络管理员提供了更多的控制权。下面是基于时间访问控制列表的一个应用举例

```
Router(config)#time-range worktime
Router(config-time-range)#periodic periodic weekday 9:00 to 17:00
Router(config)#access-list 101 permit tcp 192.168.1.0 0.0.0.255 any eq FTP time-range worktime
Router(config)#int f0/0
Router(config-if)#ip access-group 101 out
```

上面这个访问控制列表描述了每周一至周五的 9 点到下午 5 点,允许 192.168.1.0/24 这个网络的用户访问其他网络的 FTP 服务,此时间内不能访问其他服务。

11.2 通配符掩码

与配置 OSPF 启动接口时需要使用通配符掩码一样,我们在配置访问控制列表 ACL 时,也需

要有通配符掩码来精确地指定地址范围。

通配符掩码是一串二进制数字，它告诉路由器应该查看子网号的哪个部分。通配符掩码用于确定应该为地址匹配应用多少位 IP 源或目的地址。掩码中的数字 1 和 0 告诉路由器如何处理相应的 IP 地址位。

通配符掩码为 32 位，使用二进制 1 和 0 过滤单个 IP 地址或一组 IP 地址，以便根据 IP 地址允许或拒绝对资源的访问。仔细设置通配符掩码后，您便可以允许或拒绝单个或多个 IP 地址。

通配符掩码和子网掩码之间的差异在于它们匹配二进制 1 和 0 的方式。通配符掩码使用以下规则匹配二进制 1 和 0：

- 严格匹配与通配符掩码 0 所对应的 IP 地址中的位
- 忽略与通配符掩码 1 所对应的 IP 地址中的位

图 11-6 中说明了不同的通配符掩码如何过滤 IP 地址。

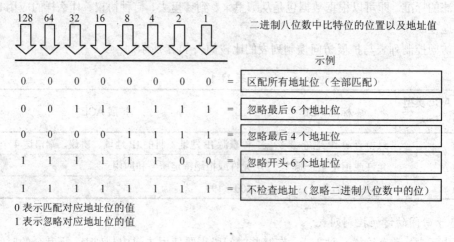

图 11-6

1. 使用通配符掩码匹配单个 IP 地址

当我们要在 ACL 中表达某个单独的 IP 地址时，我们有以下 2 种方法来进行表示：

（1）我们可以在 IP 地址的前面加上关键字 host，例如我们要匹配 192.168.1.1/24 这个 IP 地址，可以写为 host 192.168.1.1。

（2）除了第 1 种方式以外，我们还可以使用全 0 的通配符掩码来表达单独的某个 IP 地址，同样是表达 192.168.1.1/24 这个地址，我们可以写为 192.168.1.1 0.0.0.0，32 个 0 的通配符掩码告诉路由器 IP 地址 192.168.1.1 里面的 32 位都要严格匹配。

2. 使用通配符掩码匹配某个完整的网络

当我们想表达某个完整网络中所有的 IP 地址的时候，按前面的方法，我们可以把网络中的每一个地址都用 0.0.0.0 的通配符掩码来表示，但这种表达方法要写的语句太多，太繁琐，最好的办法是能用 1 个语句将所有的地址都表达出来，例如我们要表达 192.168.1.0～192.168.1.255 这个范围的所有地址，通过分析，我们发现这个范围的地址正是 192.168.1.0/24 网络的所有地址，于是我们可以用 192.168.1.0 0.0.0.255 这 1 个语句来表达，里面的通配符掩码 0.0.0.255 表示 192.168.1 这 24 位要严格检查，而最后 8 位不用检查，可以随意进行 0 和 1 的变换，变换的结果正是 192.168.1.0～192.168.1.255 这个范围。

3. 使用通配符掩码匹配特殊地址范围

当我们想表达一个特殊地址范围时，也可以使用通配符掩码。例如我们想要表达 192.168.1.0/24 这个网络里的所有主机编号为奇数的主机时，我们可以用 192.168.1.1 0.0.0.254 这个表达式来进行表达。这里使用了 0.0.0.254 的通配符掩码，就是告诉我们要严格检查主机编号的最后 1 位是"1"，这样就确保只有主机编号是奇数的 IP 地址才能够匹配。同时，从这里例子里面，我们也认识到通配符掩码不是反的子网掩码。

通配符掩码不是万能的，不是所有的地址范围都能通过通配符掩码而采用一个表达式完成，很多情况下我们可能需要几条甚至多条表达式通过逻辑关系来共同表达出我们想表达的地址范围。

11.3 ACL 配置

配置 ACL 主要有两个步骤：
（1）在全局配置模式下定义 ACL 语句。
（2）将访问控制列表应用到接口并指明检查方向。

11.3.1 标准 IP ACL 配置

1. 命令格式

（1）定义 ACL 语句

Router(config)#access-list *access-list-number* deny/permit *source [source-wildcard]*

access-list-number：ACL 的编号。这是一个十进制数，值在 1~99 之间。

deny：匹配条件时拒绝访问。

permit：匹配条件时准许访问。

source：发送数据包的网络号或主机号。指定 source 的方式有两种：

- 使用长 32 位的点分十进制格式。
- 使用关键字 any 来代表 source 和 source-wildcard 分别为 0.0.0.0 255.255.255.55 的情况。

source-wildcard：要对源应用的通配符位。指定 source-wildcard 的方式有两种：

- 使用长 32 位的点分十进制格式。将要忽略的比特位设置为 1。
- 使用关键字 any 代表 source 和 source-wildcard 分别为 0.0.0.0 255.255.255.55 的情况。

（2）在接口上应用 ACL

Router(config-if)#ip access-group *access-list-number* out/in

access-list-number：ACL 的编号。这是一个十进制数，值在 1~99 之间。

out/in：指明 ACL 在此接口上检查流量的方向。

2. 配置举例

例：在如图 11-7 所示的网络环境中，路由器有两个接口，以太网接口 ethernet 0 连接内网，内网用户通过串行接口 serial 0 访问 Internet。假设只想允许 IP 地址为 210.31.10.20 的服务器访问 Internet，禁止其他 PC 机对 Internet 的访问。

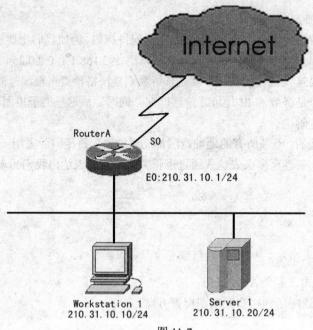

图 11-7

具体配置过程如下：

    Router(config)# access-list 1 permit 210.31.10.20 0.0.0.0
    Router(config)#interface E0
    Router(config-if)#ip access-group 1 in

例：在如图 11-8 所示的网络环境中，路由器有三个接口，以太网接口 fa1/1 连接子网 172.16.4.0/24，以太网接口 fa2/1 连接子网 172.16.3.0/24，串行接口 serial 0 连接其他子网。假设只允许子网 172.16.3.0 和 172.16.4.0 互通，要求使用标准访问控制列表进行设置。

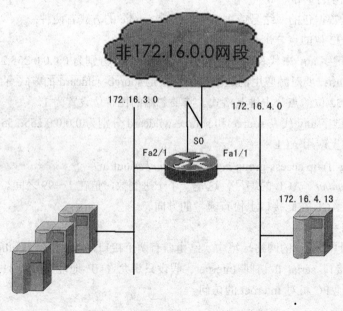

图 11-8

根据标准 ACL 的特点，本例需要配置两个标准 ACL，分别应用到 fa1/1 和 fa2/1 两个接口，具体配置如下：

```
Router(config)#access-list 1 permit 172.16.4.0    0.0.0.255
Router(config)#access-list 2 permit 172.16.3.0    0.0.0.255
Router(config)#interface fa2/1
Router(config-if)#ip access-group 1 out
Router(config-if)#exit
Router(config)#interface fa1/1
Router(config-if)#ip access-group 2 out
Router(config-if)#exit
```

3. 需要注意的问题

在配置 IP 访问控制列表时需要特别注意以下问题：

- IP 访问控制列表是允许或禁止语句的集合。对于每个数据包，路由器顺序检查访问控制列表中的每个规则。
- 如果遇到 IP 数据包匹配某条语句，则跳出访问控制列表语句并执行放行或阻塞数据包的操作。
- 如果到达了访问控制列表的底端（最后一个访问控制列表语句）仍未找到与该数据包匹配的语句，则丢弃该数据包。即所有访问控制列表的最后有一个隐含的 deny any。所以，应保证每个访问控制列表都必须至少包含一个 permit 语句；或在访问控制列表的底端明确地用语句指出对都不匹配的数据包的操作。
- 访问控制列表建立后，任何对该表语句的增加都被放在表的末端。这表示无法有选择地对访问控制列表中的个别语句进行修改、删除。因此，如果想要编辑访问控制列表，可以将 ACL 语句粘贴到"记事本"等文本编辑器中编辑后再重新粘贴到路由器（注意先删除原有的 ACL 语句）。
- 访问控制列表只对流入、流出路由器的流量进行过滤，无法对路由器本身产生的流量进行过滤。
- 标准 ACL 的放置原则是靠近目的地。

11.3.2 扩展 IP ACL 配置

1. 命令格式

（1）定义 ACL 语句

Router(config)#access-list *access-list-number* deny/permit protocol *source [source-wildcard] operator port destination [destination-wildcard] operator port*

access-list-number：ACL 的编号。这是一个十进制数，值在 100～199 之间。

deny：匹配条件时拒绝访问。

permit：匹配条件时准许访问。

protocol：协议的名称或编号。常见的关键字包括 icmp、ip、tcp 或 udp。要匹配所有 Internet 协议（包括 ICMP、TCP 和 UDP），使用 ip 关键字。

source：发送数据包的网络号或主机号。

source-wildcard：对源应用的通配符位。

destination：数据包发往的网络号或主机号。

destination-wildcard：对目的地应用的通配符位。

operator：对比源或目的端口。可用的操作符包括 lt（小于）、gt（大于）、eq（等于）、neq（不等于）和 range（范围）。

port：TCP 或 UDP 端口的十进制编号或名称。

（2）在接口上应用 ACL

Router(config-if)#ip access-group *access-list-number* out/in

access-list-number：ACL 的编号。这是一个十进制数，值在 1～99 之间。

out/in：指明 ACL 在此接口上检查流量的方向。

2．配置举例

在如图 11-9 所示的网络结构中，路由器 A 一端的局域网 210.31.225.0/24、210.31.226.0/24 上的用户通过路由器 A 自己的串行接口 serial 0 连到路由器 B 的串行接口 serial 0，并通过路由器 B 的 serial 1 接口接入 Internet；同时通过路由器 B 的以太网接口 ethernet 0 接口与路由器 B 一侧的局域网 210.31.224.11 互连。

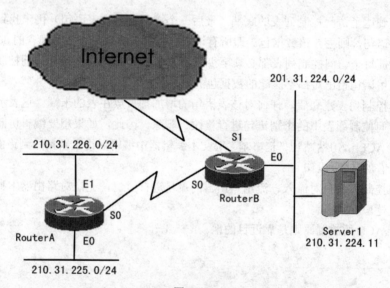

图 11-9

要求路由器 A 一端的局域网用户可以访问 Internet；同时只允许路由器 A 一端的局域网 210.31.225.0/24 上的用户访问路由器 B 一侧的服务器 210.31.224.11 上的 Telnet 服务。只允许路由器 A 一端的局域网 210.31.226.0/24 上的用户访问路由器 B 一侧的服务器 210.31.224.11 上的 WWW 服务。允许 210.31.0.0/16 网段的用户使用 ping 命令（使用协议 ICMP）测试到路由器 B 一侧局域网的连通性。除此之外到路由器 B 一侧局域网的所有通信都不允许。

Router(config)# access-list 100 permit tcp 210.31.225.0 0.0.0.255 210.31.224.11 0.0.0.0 eq 23

允许 210.31.225.0/24 访问服务器 210.31.224.11 上运行的 Telnet 服务的数据包。Telnet 协议使用 TCP 的 23 端口。

Router(config)# access-list 100 permit tcp 210.31.226.0 0.0.0.255 210.31.224.11 eq 80

允许 210.31.226.0/24 访问服务器 210.31.224.11 上运行的 WWW 服务的数据包。HTTP 协议使

用 TCP 的 80 端口。

Router(config)# access-list 100 permit icmp 210.31.0.0 0.0.255.255 any

允许 210.31.0.0/16 网段 ping 任何目标。因为 ping 命令使用 icmp 协议，所以这条访问控制列表语句的意义是允许 210.31.0.0/16 网段的主机使用 ping 命令对路由器 B 一侧局域网的连通性进行测试。

将定义好的访问控制列表应用到路由器 B 的以太网接口 ethernet 0 接口：

Router(config)#interface ethernet 0

Router(config-if)#ip access-group 100 out

3．需要注意的问题

在配置扩展 IP 访问控制列表时需要注意以下问题：

- 扩展 ACL 的放置原则是靠近源地址。
- 一定要牢记，在每个访问控制列表的底端都有一个默认的"deny any"。所以，建议在每个访问控制列表的最后一条语句明确地指出对其余通信量的处理方式。

11.3.3 检查 IP ACL

当完成 ACL 配置后，可以使用 show 命令来检查当前 ACL 配置。图 11-10 中显示了用于显示所有 ACL 内容的命令语法。图 11-11 显示了在路由器 R1 上发出 show access-lists 命令后得到的结果。

```
R1# show access-lists {access-list-number|name}
```

图 11-10

```
R1# show access-lists
Standard IP access list SALES
    10 deny    10.1.1.0 0.0.0.255
    20 permit 10.3.3.1
    30 permit 10.4.4.1
    40 permit 10.5.5.1
Extended IP access list ENG
    10 permit tcp host 192.168.10.2 any eq telnet (25 matches)
    20 permit tcp host 192.168.10.2 any eq ftp
    30 permit tcp host 192.168.10.2 any eq ftp-data
```

图 11-11

从项目拓扑图中，我们可以看到行政部子网为 192.168.1.0/24，财务部子网为 192.168.2.0/24，市场部和技术部子网分别为 192.168.4.0/24 和 192.168.5.0/24，路由策略采用 RIP 路由协议，由于财务部只允许行政部访问，所以我们需要禁止市场部和技术部对财务部访问的流量，比较简洁的实现方法有两种。第一种方法是在路由器 router0 的 F0/0 接口做出站策略，禁止市场部和技术部到财务部的流量；第二种方法是在路由器 router1 的 F0/1 接口做出站策略，禁止市场部和技术部来的流量。以下就两种方案分别实施。

1．第一种方案

路由器 router0 的基本配置如图 11-12 所示。

```
router0(config)#int f0/0
router0(config-if)#no shut
router0(config-if)#ip address 192.168.3.1 255.255.255.252
router0(config-if)#int f0/1
router0(config-if)#no shut
router0(config-if)#int f0/1.1

%LINK-5-CHANGED: Interface FastEthernet0/1.1, changed state to up

%LINEPROTO-5-UPDOWN: Line protocol on Interface FastEthernet0/1.1, changed state
to up
router0(config-subif)#encapsulation dot1q 1
router0(config-subif)#ip address 192.168.4.1 255.255.255.0
router0(config-subif)#int f0/1.2
router0(config-subif)#

%LINK-5-CHANGED: Interface FastEthernet0/1.2, changed state to up

%LINEPROTO-5-UPDOWN: Line protocol on Interface FastEthernet0/1.2, changed state
to up

router0(config-subif)#encapsulation dot1q 2
router0(config-subif)#ip address 192.168.5.1 255.255.255.0
router0(config-subif)#exit
router0(config)#router rip
router0(config-router)#network 192.168.3.0
router0(config-router)#network 192.168.4.0
router0(config-router)#network 192.168.5.0
```

图 11-12

路由器 router1 的基本配置为如图 11-13 所示。

```
router1(config)#int f0/0
router1(config-if)#no shut
router1(config-if)#ip address 192.168.3.2 255.255.255.252
router1(config-if)#int f0/1
router1(config-if)#no shut
router1(config-if)#ip address 192.168.2.1 255.255.255.0
router1(config-if)#int f1/0
router1(config-if)#no shut
router1(config-if)#ip address 192.168.1.1 255.255.255.0
router1(config-if)#exit
router1(config)#router rip
router1(config-router)#network 192.168.1.0
router1(config-router)#network 192.168.2.0
router1(config-router)#network 192.168.3.0
```

图 11-13

在未配置 ACL 的情况下,测试行政部、市场部和技术部到财务部的通信。

(1) 行政部到财务部的通信如图 11-14 所示。

```
PC>ipconfig

IP Address......................: 192.168.1.2
Subnet Mask.....................: 255.255.255.0
Default Gateway.................: 192.168.1.1

PC>ping 192.168.2.2

Pinging 192.168.2.2 with 32 bytes of data:

Request timed out.
Reply from 192.168.2.2: bytes=32 time=88ms TTL=127
Reply from 192.168.2.2: bytes=32 time=125ms TTL=127
Reply from 192.168.2.2: bytes=32 time=125ms TTL=127

Ping statistics for 192.168.2.2:
    Packets: Sent = 4, Received = 3, Lost = 1 (25% loss),
Approximate round trip times in milli-seconds:
    Minimum = 88ms, Maximum = 125ms, Average = 112ms
```

图 11-14

（2）市场部到财务部的通信如图 11-15 所示。

```
PC>ipconfig

IP Address......................: 192.168.4.2
Subnet Mask.....................: 255.255.255.0
Default Gateway.................: 192.168.4.1

PC>ping 192.168.2.2

Pinging 192.168.2.2 with 32 bytes of data:

Reply from 192.168.2.2: bytes=32 time=156ms TTL=126
Reply from 192.168.2.2: bytes=32 time=124ms TTL=126
Reply from 192.168.2.2: bytes=32 time=143ms TTL=126
Reply from 192.168.2.2: bytes=32 time=111ms TTL=126

Ping statistics for 192.168.2.2:
    Packets: Sent = 4, Received = 4, Lost = 0 (0% loss),
Approximate round trip times in milli-seconds:
    Minimum = 111ms, Maximum = 156ms, Average = 133ms
```

图 11-15

（3）技术部到财务部的通信如图 11-16 所示。

```
PC>ipconfig

IP Address......................: 192.168.5.2
Subnet Mask.....................: 255.255.255.0
Default Gateway.................: 192.168.5.1

PC>ping 192.168.2.2

Pinging 192.168.2.2 with 32 bytes of data:

Reply from 192.168.2.2: bytes=32 time=125ms TTL=126
Reply from 192.168.2.2: bytes=32 time=140ms TTL=126
Reply from 192.168.2.2: bytes=32 time=156ms TTL=126
Reply from 192.168.2.2: bytes=32 time=156ms TTL=126

Ping statistics for 192.168.2.2:
    Packets: Sent = 4, Received = 4, Lost = 0 (0% loss),
Approximate round trip times in milli-seconds:
    Minimum = 125ms, Maximum = 156ms, Average = 144ms
```

图 11-16

实施第一种 ACL 方案，如图 11-17 所示。

```
router0(config)#access-list 100 deny ip 192.168.4.0 0.0.0.255 192.168.2.0 0.0.0.
255
router0(config)#access-list 100 deny ip 192.168.5.0 0.0.0.255 192.168.2.0 0.0.0.
255
router0(config)#access-list 100 permit ip any any
router0(config)#int f0/0
router0(config-if)#ip access-group 100 out
router0(config-if)#
```

图 11-17

实施 ACL 控制后，测试行政部、市场部和技术部到财务部的通信。

（1）行政部到财务部的通信如图 11-18 所示。

```
PC>ipconfig

IP Address......................: 192.168.1.2
Subnet Mask.....................: 255.255.255.0
Default Gateway.................: 192.168.1.1

PC>ping 192.168.2.2

Pinging 192.168.2.2 with 32 bytes of data:

Reply from 192.168.2.2: bytes=32 time=125ms TTL=127
Reply from 192.168.2.2: bytes=32 time=125ms TTL=127
Reply from 192.168.2.2: bytes=32 time=124ms TTL=127
Reply from 192.168.2.2: bytes=32 time=125ms TTL=127

Ping statistics for 192.168.2.2:
    Packets: Sent = 4, Received = 4, Lost = 0 (0% loss),
Approximate round trip times in milli-seconds:
    Minimum = 124ms, Maximum = 125ms, Average = 124ms
```

图 11-18

（2）市场部到财务部和行政部的通信如图 11-19 所示。

```
PC>ipconfig

IP Address......................: 192.168.4.2
Subnet Mask.....................: 255.255.255.0
Default Gateway.................: 192.168.4.1

PC>ping 192.168.2.2

Pinging 192.168.2.2 with 32 bytes of data:

Reply from 192.168.3.2: Destination host unreachable.
Reply from 192.168.3.2: Destination host unreachable.
Reply from 192.168.3.2: Destination host unreachable.
Reply from 192.168.3.2: Destination host unreachable.

Ping statistics for 192.168.2.2:
    Packets: Sent = 4, Received = 0, Lost = 4 (100% loss),

PC>ping 192.168.1.2

Pinging 192.168.1.2 with 32 bytes of data:

Reply from 192.168.1.2: bytes=32 time=156ms TTL=126
Reply from 192.168.1.2: bytes=32 time=127ms TTL=126
Reply from 192.168.1.2: bytes=32 time=140ms TTL=126
Reply from 192.168.1.2: bytes=32 time=125ms TTL=126

Ping statistics for 192.168.1.2:
    Packets: Sent = 4, Received = 4, Lost = 0 (0% loss),
Approximate round trip times in milli-seconds:
    Minimum = 125ms, Maximum = 156ms, Average = 137ms
```

图 11-19

(3）技术部到财务部和行政部的通信如图 11-20 所示。

```
PC>ipconfig

IP Address.........................: 192.168.5.2
Subnet Mask........................: 255.255.255.0
Default Gateway....................: 192.168.5.1

PC>ping 192.168.2.2

Pinging 192.168.2.2 with 32 bytes of data:

Reply from 192.168.3.2: Destination host unreachable.
Reply from 192.168.3.2: Destination host unreachable.
Reply from 192.168.3.2: Destination host unreachable.
Reply from 192.168.3.2: Destination host unreachable.

Ping statistics for 192.168.2.2:
    Packets: Sent = 4, Received = 0, Lost = 4 (100% loss),

PC>ping 192.168.1.2

Pinging 192.168.1.2 with 32 bytes of data:

Reply from 192.168.1.2: bytes=32 time=140ms TTL=126
Reply from 192.168.1.2: bytes=32 time=156ms TTL=126
Reply from 192.168.1.2: bytes=32 time=156ms TTL=126
Reply from 192.168.1.2: bytes=32 time=156ms TTL=126

Ping statistics for 192.168.1.2:
    Packets: Sent = 4, Received = 4, Lost = 0 (0% loss),
Approximate round trip times in milli-seconds:
    Minimum = 140ms, Maximum = 156ms, Average = 152ms
```

图 11-20

从图 11-20 上，我们可以看出，实施 ACL 以后，市场部和技术部的主机已经不能访问财务部的主机，但不影响他们访问行政部主机，行政部主机始终能正常访问财务部主机。

2. 第二种方案

两个路由器的基本配置参考第一种方案，ACL 的配置方案如图 11-21 所示。

```
router1(config)#
router1(config)#access-list 1 deny 191.168.4.0 0.0.0.255
router1(config)#access-list 1 deny 191.168.5.0 0.0.0.255
router1(config)#access-list 1 permit any
router1(config)#int f0/1
router1(config-if)#ip access-group 1 out
router1(config-if)#
```

图 11-21

实施 ACL 控制后，测试行政部、市场部和技术部到财务部的通信。

（1）行政部到财务部的通信如图 11-22 所示。

```
PC>ipconfig

IP Address......................: 192.168.1.2
Subnet Mask.....................: 255.255.255.0
Default Gateway.................: 192.168.1.1

PC>ping 192.168.2.2

Pinging 192.168.2.2 with 32 bytes of data:

Reply from 192.168.2.2: bytes=32 time=125ms TTL=127
Reply from 192.168.2.2: bytes=32 time=125ms TTL=127
Reply from 192.168.2.2: bytes=32 time=124ms TTL=127
Reply from 192.168.2.2: bytes=32 time=125ms TTL=127

Ping statistics for 192.168.2.2:
    Packets: Sent = 4, Received = 4, Lost = 0 (0% loss),
Approximate round trip times in milli-seconds:
    Minimum = 124ms, Maximum = 125ms, Average = 124ms
```

图 11-22

（2）市场部到财务部和行政部的通信如图 11-23 所示。

```
PC>ipconfig

IP Address......................: 192.168.4.2
Subnet Mask.....................: 255.255.255.0
Default Gateway.................: 192.168.4.1

PC>ping 192.168.2.2

Pinging 192.168.2.2 with 32 bytes of data:

Reply from 192.168.3.2: Destination host unreachable.
Reply from 192.168.3.2: Destination host unreachable.
Reply from 192.168.3.2: Destination host unreachable.
Reply from 192.168.3.2: Destination host unreachable.

Ping statistics for 192.168.2.2:
    Packets: Sent = 4, Received = 0, Lost = 4 (100% loss),

PC>ping 192.168.1.2

Pinging 192.168.1.2 with 32 bytes of data:

Reply from 192.168.1.2: bytes=32 time=156ms TTL=126
Reply from 192.168.1.2: bytes=32 time=127ms TTL=126
Reply from 192.168.1.2: bytes=32 time=140ms TTL=126
Reply from 192.168.1.2: bytes=32 time=125ms TTL=126

Ping statistics for 192.168.1.2:
    Packets: Sent = 4, Received = 4, Lost = 0 (0% loss),
Approximate round trip times in milli-seconds:
    Minimum = 125ms, Maximum = 156ms, Average = 137ms
```

图 11-23

（3）技术部到财务部和行政部的通信如图 11-24 所示。

```
PC>ipconfig

IP Address......................: 192.168.5.2
Subnet Mask.....................: 255.255.255.0
Default Gateway.................: 192.168.5.1

PC>ping 192.168.2.2

Pinging 192.168.2.2 with 32 bytes of data:

Reply from 192.168.3.2: Destination host unreachable.
Reply from 192.168.3.2: Destination host unreachable.
Reply from 192.168.3.2: Destination host unreachable.
Reply from 192.168.3.2: Destination host unreachable.

Ping statistics for 192.168.2.2:
    Packets: Sent = 4, Received = 0, Lost = 4 (100% loss),

PC>ping 192.168.1.2

Pinging 192.168.1.2 with 32 bytes of data:

Reply from 192.168.1.2: bytes=32 time=140ms TTL=126
Reply from 192.168.1.2: bytes=32 time=156ms TTL=126
Reply from 192.168.1.2: bytes=32 time=156ms TTL=126
Reply from 192.168.1.2: bytes=32 time=156ms TTL=126

Ping statistics for 192.168.1.2:
    Packets: Sent = 4, Received = 4, Lost = 0 (0% loss),
Approximate round trip times in milli-seconds:
    Minimum = 140ms, Maximum = 156ms, Average = 152ms
```

图 11-24

项目十二

NAT 服务

案例描述

星月科技是一家从事室内装饰的微型企业,公司成立初期规模较小,直接采用 ADSL 路由器连接互联网。经过几年的发展,公司业务逐年增多,原有 ADSL 路由器已经不能满足业务需求,通过与几家系统集成商的谈判,最后决定采用专业路由器来为整个公司提供互联网接入服务。网络拓扑如下图所示。你作为实施工程师,请按图中设计完成路由器相关配置。

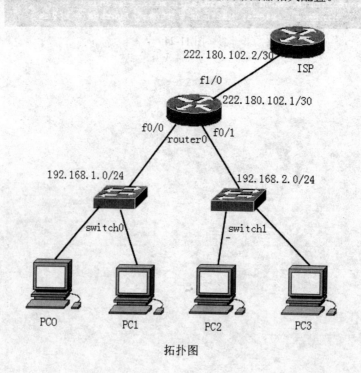

拓扑图

12.1 NAT 简介

随着互联网接入用户的越来越多，32 位地址空间的 IPv4 地址即将耗尽。在实现全网部署 IPv6 之前，为了缓解 IP 地址不足，IETF 开发了多种技术方案来减缓地址耗尽的速度，网络地址转换（NAT）就是其中一项重要的解决方案，现已普遍被广大的企业内网所采用。

12.1.1 私有地址与公有地址

1. 私有地址

私有地址是指可不经过申请直接在内部私有网络中使用的地址，私有地址不能出现在公共网络上。因特网地址分配组织规定以下的三个网络地址保留用作私有地址：

A 类：10.0.0.0～10.255.255.255；
B 类：172.16.0.0～172.31.255.255；
C 类：192.168.0.0～192.168.255.255。

当使用私有地址的网络内的主机要与位于公网上的主机进行通信时，必须经过地址转换，将其私有地址转换为合法公网地址才能对外访问。

2. 公有地址

公有地址也称注册地址，必须在所属地域的相应 Internet 注册管理机构（RIR）注册。需要连接全球互联网的用户可以从 ISP 租用公有地址。只有公有 Internet 地址的注册拥有者才能将该地址分配给网络设备，公有地址在因特网上是全球唯一的。

12.1.2 NAT 术语

- 内部本地地址——通常是 RFC 1918 私有地址。图 12-1 中，IP 地址 192.168.10.10 被分配给内部网络上的主机 PC1。
- 内部全局地址——当内部主机访问互联网时，NAT 路由器分配给内部主机的有效公有地址。如图 12-1 所示，当来自 PC1 的流量发往 Web 服务器 209.165.201.1 时，路由器 R2 必须进行地址转换。PC1 的内部全局地址使用 IP 地址 209.165.200.226。

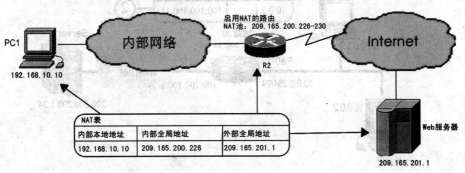

图 12-1

- 外部全局地址——分配给 Internet 上主机的公有 IP 地址。图 12-1 中，Web 服务器的 IP 地址为 209.165.201.1。
- 外部本地地址——分配给外部网络上主机的本地 IP 地址。大多数情况下，此地址与外部设备的外部全局地址相同。

12.2 NAT 工作原理

在连接内部网络与外部公网的路由器上，NAT 将内部网络中主机的内部私有地址转换为合法的可以出现在外部公网上的公有地址来响应外部世界寻址。其实质是改写原 IP 头部 IP 地址的技术，即将原来 Internet 不可路由的 IP 地址（也常被称为私网 IP）转换为 Internet 可路由的 IP 地址（也常被称为公网 IP）。

例如，一个园区网申请了 6 个 Internet 可路由的 IP 地址为 210.31.235.1～210.31.235.6，在园区网内部采用 RFC 1918 中定义的 C 类私有地址段 192.168.1.1～192.168.1.254 作为内部网络的 IP 地址。为了园区网内部主机能够访问 Internet，必须在出口路由器 A 上做地址转换，将私有地址 192.168.1.1～192.168.1.254 转换成可路由的公有地址 210.31.235.1～210.31.235.6。

下面通过实例来分析 NAT 转换中发送和接收数据的工作过程。

1. 发送数据的工作过程

如图 12-2 所示，在数据包的发送过程中，Host A 将数据包发送给自己的默认网关 10.0.0.254。此时数据包中的源 IP 是 Host A 的私有地址 10.0.0.1，目标地址是公网地址 200.200.200.1。当路由器收到此数据包之后，提取目标 IP 地址 200.200.200.1 进行路由查找，查找路由后转发到出接口 F0/2。由于出接口配置了 NAT 转换，路由器从公网 IP 地址池 100.100.100.11～100.100.100.20 中拿出第 1 个可用的 IP 地址替换原 IP 数据包中的源 IP 位置处的私有 IP 地址，并在路由器中的 NAT 转换表中添加私有地址 10.0.0.1 对应公有地址 100.100.100.11。最后将替换后的数据包从接口 F0/2 发送出去。

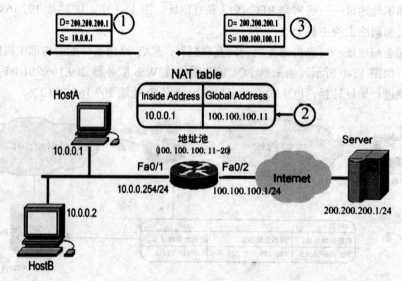

图 12-2

2. 接收数据的工作过程

如图 12-3 所示，当有返程数据包到达路由器时，由于路由器配置了 NAT 转换，当 fa0/2 口接收到数据包后，首先检查此数据包的目标 IP 地址，如果是其地址转换表中的地址，则它将进行反向的 IP 地址转换，即将 100.100.100.11 转换为 10.0.0.1。然后查找路由表，找到出接口为 fa0/1。最后，从 fa0/1 口发送给 Host A。

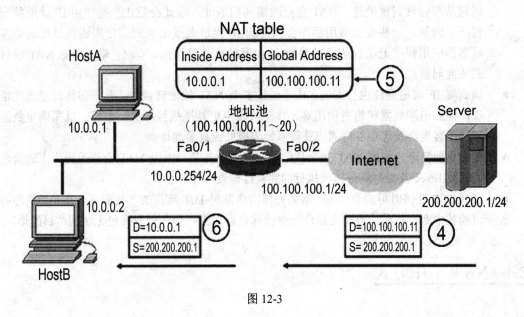

图 12-3

12.3 NAT 优点与缺点

1. 优点

NAT 提供了许多优点和好处。包括：

- NAT 允许对内部网实行私有编址，从而维护合法注册的公有编址方案。NAT 通过应用程序端口级别的多路复用节省了地址。利用 NAT 过载，对于所有外部通信，内部主机可以共享一个公有 IP 地址。在这种配置类型中，支持很多内部主机只需极少的外部地址。
- NAT 增强了与公有网络连接的灵活性。为了确保可靠的公有网络连接，可以实施多池、备用池和负载均衡池。
- NAT 为内部网络编址方案提供了一致性。在没有私有 IP 地址和 NAT 的网络上，更改公有 IP 地址需要给现有网络上的所有主机重新编号。主机重新编号的成本可能非常高。NAT 允许保留现有方案，同时支持新的公有编址方案。这意味着，组织可以更换 ISP 而不需要更改任何内部客户端。
- NAT 提供了网络安全性。由于私有网络在实施 NAT 时不会通告其地址或内部拓扑，因此在实现受控外部访问的同时能确保安全。不过，NAT 不能取代防火墙。

2. 缺点

NAT 虽然提供了许多优点，但是，使用 NAT 也有一些缺点，包括：

- 性能下降。转换数据包报头内的每个 IP 地址需要时间，因此 NAT 会增加交换延迟。第一个数据包采用过程交换，意味着它始终经过较慢的路径。路由器必须查看每个数据包，以决定是否需要转换。路由器需要更改 IP 报头，甚至可能要更改 TCP 或 UDP 报头。如果缓存条目存在，则其余数据包经过快速交换路径，否则也会被延迟。
- 端到端功能减弱。许多 Internet 协议和应用程序依赖端到端功能，需要将未经修改的数据包从源转发到目的地。NAT 会更改端到端地址，因此会阻止一些使用 IP 寻址的应用程序。例如，一些安全应用程序会因为源 IP 地址改变而失败。使用物理地址而非限定域名的应用程序无法到达经过 NAT 路由器转换的目的地。有时，采用静态 NAT 映射可避免此问题。
- 端到端 IP 可追溯性也会丧失。由于经过多个 NAT 地址转换点，数据包地址已改变很多次，因此追溯数据包将更加困难，排除故障也更具挑战性。另一方面，试图确定数据包源的黑客也会发现难以追溯或获得原始源地址或目的地址。
- 隧道更加复杂。使用 NAT 也会使隧道协议更加复杂，因为 NAT 会修改报头中的值，从而干扰 IPsec 及类似隧道协议执行的完整性检查。
- 发起 TCP 连接时可能会失败。需要外部网络发起 TCP 连接的一些服务，或者无状态协议可能被中断。除非边界路由器作一些特殊设置，否则传入的数据包无法到达目的地。

12.4 NAT 工作方式

12.4.1 静态 NAT

静态 NAT 使用私有地址与公有地址的一对一映射，这些映射保持不变。静态 NAT 通常应用于放置于内网，同时又希望能被互联网用户访问的服务器。

12.4.2 动态 NAT

动态 NAT 是将私有 IP 地址映射到公有地址。这些公有 IP 地址源自 NAT 池。动态 NAT 的配置与静态 NAT 不同，但也有一些相似点。与静态 NAT 相似，在配置动态 NAT 时也需要将各接口标识为内部或外部接口。不过，动态 NAT 不是创建到单一 IP 地址的静态映射，而是使用内部全局地址池。

12.4.3 PAT

对于没有分配合法外部地址空间的网络中，可以使用路由器连接公共网络接口的 IP 地址进行转换，这种转换方式称为 PAT 转换。为了更有效地节约公有地址，我们可以使用 PAT。PAT 是指在进行转换时将内部私有地址转换成一个外部合法的 IP 地址和某个传输层的端口号的组合，即"私有 IP→公有 IP+端口号"。如图 12-4 所示。

使用 PAT，多台内部主机可以使用一个外部合法地址对外访问，可以节省大量的公有 IP 地址资源，在整个内部网络接入 Internet 时，只需要路由器外部接口的一个公有 IP 地址即可。

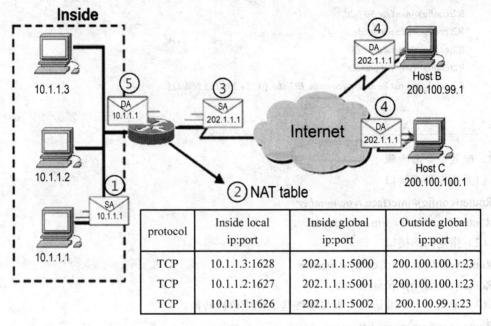

图 12-4

12.5 NAT 配置

12.5.1 静态 NAT 配置

1. 配置命令与步骤

（1）指定外部接口

Router(config)#interface *type number*

Router(config-if)#ip nat outside

（2）指定内部接口

Router(config)#interface *type number*

Router(config-if)#ip nat inside

（3）建立内部本地地址与内部全局地址之间的静态 NAT。

Router(config)#ip nat inside source static *local-ip global-ip*

2. 静态 NAT 配置举例

以图 12-5 为例，路由器 R2 上的静态 NAT 配置为

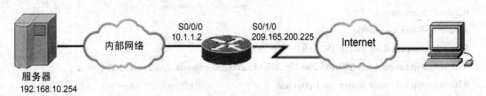

图 12-5

R2(config)#interface *S0/0/0*
R2(config-if)#ip nat inside
R2(config)#interface *S0/1/0*
R2(config-if)#ip nat outside
R2(config)#ip nat inside source static *192.168.10.254 209.165.200.225*

12.5.2 动态 NAT 配置

1. 配置命令与步骤

（1）指定外部接口

Router(config)#interface *type number*

Router（config-if）#ip nat outside

（2）指定内部接口

Router(config)#interface *type number*

Router(config-if)#ip nat inside

（3）定义一个标准访问列表说明哪些地址应该被转换。

Router(config)#access-list *access-list-number* permit *source [source-wildcard]*

（4）定义用于转换的公有地址池。

Router(config)#ip nat pool *name start-ip end-ip {netmask netmask|prefix-length prefix-length}*

（5）建立转换关联。

Router(config)#ip nat inside source list *access-list-number* pool *name*

2. 动态 NAT 配置举例

以图 12-6 为例，路由器 R2 上的动态 NAT 配置为：

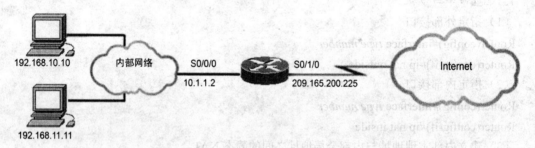

图 12-6

R2(config)#interface *S0/0/0*
R2(config-if)#ip nat inside
R2(config)#interface *S0/1/0*
R2(config-if)#ip nat outside
R2(config)#access-list 1 permit 192.168.0.0 0.0.255.255
R2(config)#ip nat pool test 209.165.200.226 209.165.200.238 netmask 255.255.255.224
R2(config)#ip nat inside source list 1 pool test

12.5.3 PAT 配置

1. 配置命令与步骤

（1）指定外部接口

Router(config)#interface *type number*

Router(config-if)#ip nat outside

（2）指定内部接口

Router(config)#interface *type number*

Router(config-if)#ip nat inside

（3）定义一个标准访问列表说明哪些地址应该被转换。

Router(config)#access-list *access-list-number* permit *source [source-wildcard]*

（4）建立转换关联。

Router(config)#ip nat inside source list *access-list-number* interface *interface* overload

2. PAT 配置举例

以图 12-6 为例，使用路由器 R2 的 S0/1/0 接口作为转换用的公有地址。

    R2(config)#interface *S0/0/0*

    R2(config-if)#ip nat inside

    R2(config)#interface *S0/1/0*

    R2(config-if)#ip nat outside

    R2(config)# access-list 1 permit 192.168.0.0 0.0.255.255

    R2(config)# ip nat inside source list 1 interface serial 0/1/0 overload

项目实施

根据网络拓扑图，我们可以知道运营商只提供了 1 个公网 IP 地址，为了能够让所有内网主机都能连入互联网，我们只能采用网络地址转换 NAT 技术中的过载方式。具体配置如下：

路由器基本配置如图 12-7 所示。

```
Router(config)#int f0/0
Router(config-if)#no shut
Router(config-if)#ip address 192.168.1.1 255.255.255.0
Router(config-if)#int f0/1
Router(config-if)#no shut
Router(config-if)#ip address 192.168.2.1 255.255.255.0
Router(config-if)#int f1/0
Router(config-if)#no shut
Router(config-if)#ip address 222.180.102.1 255.255.255.252
Router(config-if)#exit
Router(config)#ip route 0.0.0.0 0.0.0.0 222.180.102.2
Router(config)#
```

图 12-7

路由器 NAT 配置如图 12-8 所示。

```
Router(config)#
Router(config)#int f0/0
Router(config-if)#ip nat inside
Router(config-if)#int f0/1
Router(config-if)#ip nat inside
Router(config-if)#int f1/0
Router(config-if)#ip nat outside
Router(config-if)#exit
Router(config)#access-list 1 permit 192.168.1.0 0.0.0.255
Router(config)#access-list 1 permit 192.168.2.0 0.0.0.255
Router(config)#ip nat inside source list 1 interface f1/0 overload
Router(config)#
```

图 12-8

配置完成以后，我们可以测试内网的 2 个子网是否能 ping 通公网。192.168.1.0/24 子网到公网的访问如图 12-9 所示。

```
PC>ipconfig

IP Address......................: 192.168.1.2
Subnet Mask.....................: 255.255.255.0
Default Gateway.................: 192.168.1.1

PC>ping 222.180.102.2

Pinging 222.180.102.2 with 32 bytes of data:

Reply from 222.180.102.2: bytes=32 time=94ms TTL=254
Reply from 222.180.102.2: bytes=32 time=93ms TTL=254
Reply from 222.180.102.2: bytes=32 time=94ms TTL=254
Reply from 222.180.102.2: bytes=32 time=94ms TTL=254

Ping statistics for 222.180.102.2:
    Packets: Sent = 4, Received = 4, Lost = 0 (0% loss),
Approximate round trip times in milli-seconds:
    Minimum = 93ms, Maximum = 94ms, Average = 93ms
```

图 12-9

192.168.2.0/24 子网到公网的访问如图 12-10 所示。

```
PC>ipconfig

IP Address......................: 192.168.2.2
Subnet Mask.....................: 255.255.255.0
Default Gateway.................: 192.168.2.1

PC>ping 222.180.102.2

Pinging 222.180.102.2 with 32 bytes of data:

Reply from 222.180.102.2: bytes=32 time=93ms TTL=254
Reply from 222.180.102.2: bytes=32 time=94ms TTL=254
Reply from 222.180.102.2: bytes=32 time=93ms TTL=254
Reply from 222.180.102.2: bytes=32 time=80ms TTL=254

Ping statistics for 222.180.102.2:
    Packets: Sent = 4, Received = 4, Lost = 0 (0% loss),
Approximate round trip times in milli-seconds:
    Minimum = 80ms, Maximum = 94ms, Average = 90ms
```

图 12-10

从上面的测试结果，我们可以知道，内网已经能够通过 NAT 访问互联网。同时，我们还可以从图 12-11 的路由器 NAT 映射表看到地址转换的映射。

```
Router#show ip nat translations
Pro  Inside global       Inside local     Outside local     Outside global
icmp 222.180.102.1:1024  192.168.1.2:5    222.180.102.2:5   222.180.102.2:1024
icmp 222.180.102.1:1025  192.168.1.2:6    222.180.102.2:6   222.180.102.2:1025
icmp 222.180.102.1:1026  192.168.1.2:7    222.180.102.2:7   222.180.102.2:1026
icmp 222.180.102.1:1027  192.168.1.2:8    222.180.102.2:8   222.180.102.2:1027
icmp 222.180.102.1:5     192.168.2.2:5    222.180.102.2:5   222.180.102.2:5
icmp 222.180.102.1:6     192.168.2.2:6    222.180.102.2:6   222.180.102.2:6
icmp 222.180.102.1:7     192.168.2.2:7    222.180.102.2:7   222.180.102.2:7
icmp 222.180.102.1:8     192.168.2.2:8    222.180.102.2:8   222.180.102.2:8
```

图 12-11

项目十三
网关备份 VRRP 服务

智冠科技是一家从事网络贸易的公司，最近公司员工时常反映网络时有中断，经过网络管理员的监控，发现中断是由于网关不稳定所导致，同时用户量较多也为网关带来了一定的压力。为了解决这个问题，公司咨询了几家系统集成商，最终决定对网络进行一次升级改造，主要的内容是提高网络，特别是网关的可靠性，改造后的拓扑如下图所示。你作为系统集成售后工程师，请按设计思路配置网络中的相关设备。

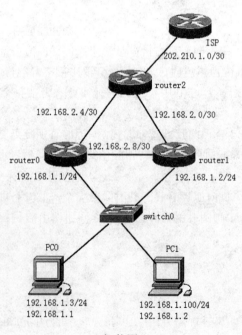

拓扑图

13.1　VRRP 应用背景

随着互联网普及程度的提高，基于网络的应用逐渐增多。这对网络的可靠性提出了越来越高的要求。当前，在部分网络环境中，用户对网络的要求非常高，任何问题引起网络中断都会对用户造成严重影响。

主机在与本地网络以外的主机通信时，首先会把数据包送到自己的网关，由网关来完成后续任务。这样网关的稳定性就显得非常重要。

如图 13-1 所示，局域网有三台主机在统一网络上。这三台主机的网关均为 172.16.1.1。该网关就是主机所在网段内的一个路由器的内网接口地址，当主机要访问 Internet 时，首先把数据包发送到路由器，再由路由器将报文转发出去，从而实现了主机与外部网络的通信。然而，如果路由器或者是路由器的接口出现故障，主机将无法与外部网络进行通信。

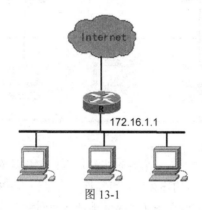

图 13-1

终端联入网络的思路有两种：一种是通过路由协议（如内部路由协议 RIP 和 OSPF）动态学习网关地址；另一种是静态配置网关。在每一个终端都运行动态路由协议是不现实的，大多客户端操作系统平台都不支持动态路由协议，即使支持也受到管理开销、收敛度、安全性等许多问题的限制。因此普遍采用静态配置网关方式。静态配置的方法简化了网络管理的复杂度，并减轻了终端设备的通信开销。但是，它仍然有一个缺点：如果作为默认网关的路由器损坏，所有使用该地址为网关的主机必然要中断与外部的通信。

这就意味着大部分主机无法快速知道路由器和与之相联的局域网连接是否已经失败，而且 IP 主机检测链路失败与替代路由器进行交换需要很长时间。为了解决单一网关带来的问题，可以采用廉价冗余的方法，在可靠性和经济性方面找到平衡点。

虚拟路由冗余协议（Virtual Router Redundancy Protocol，VRRP）就是一种很好的解决方案。在该协议中，对共享多路访问介质（如以太网）上终端 IP 设备的默认网关（Default Gateway）进行冗余备份，从而在其中一台路由设备宕机时，备份路由设备及时接管转发工作，向用户提供透明的切换，提高了网络服务质量。

为了避免由这个默认网关造成的单点故障，可以在一个广播域中配置多个路由器接口，并在这

155

些路由器上运行 VRRP。

13.2 VRRP 简介

VRRP 是将可以承担网关功能的一组路由器加入到备份组中,形成一台虚拟路由器,由 VRRP 的选举机制决定哪台路由器承担转发任务,局域网内的主机只需将虚拟路由器配置为缺省网关。如图 13-2 所示,R1 和 R2 构成一个 VRRP 备份组,在逻辑结构上形成一台虚拟路由器,R1 为主路由器,负责数据转发,R2 为备份路由器。

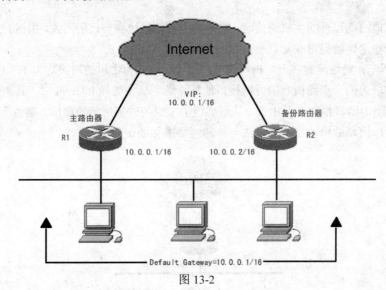

图 13-2

简单来说,VRRP 是一种容错协议,它保证当局域网内主机的网关出现故障时,可以及时由另一台路由器来代替,从而保持通信的连续性和可靠性。为了使 VRRP 工作,形成的虚拟路由器应该具备一个虚拟 IP 地址,并产生一个虚拟 MAC 地址。而网络上的主机与虚拟路由器通信,无需了解这个网络上物理路由器的任何信息。一个虚拟路由器由一个主路由器和若干个备份路由器组成,主路由器实现真正的转发功能。当主路由器出现故障时,一个备份路由器将成为新的主路由器接替它的工作。

借助 VRRP,人们能在某台设备出现故障时仍能提供高可靠的缺省链路,有效避免单一链路发生故障后网络中断的问题,而无需修改动态路由协议、路由发现协议等配置信息。它不改变组网情况,不需要在主机上做任何配置,就能实现下一跳网关的备份,不会给主机带来任何负担。和其他方法比较起来,VRRP 使用起来简单方便,既提供了链路的带宽,又实现了链路的可靠性传输。

13.3 VRRP 术语与状态

13.3.1 VRRP 术语

1. VRID

VRID(Virtual Router ID)称为虚拟路由器 ID 号。同一个 VRRP 备份组中的所有路由器的

VRID 相同。一个虚拟路由器有唯一的 VRID 标识，取值范围为 0～255。该路由器对外表现为唯一的虚拟 MAC 地址，地址的格式为 00-00-5E-00-01-[VRID]。主控路由器负责对 ARP 请求用该 MAC 地址做应答。这样，无论如何切换，保证给终端设备的是唯一一致的 IP 和 MAC 地址，减少了切换对终端设备的影响。

2. VRRP 路由器和虚拟路由器

在 VRRP 协议中，VRRP 路由器是指运行 VRRP 协议的路由器，是物理实体；虚拟路由器是由 VRRP 协议创建的，是逻辑概念。具有相同 VRID 的 VRRP 路由器协同工作，共同构成一台虚拟路由器。该虚拟路由器对外表现为一个具有唯一固定 IP 地址和 MAC 地址的逻辑路由器。

3. 主路由器和备份路由器

处于同一个 VRRP 备份组中的路由器具有两种互斥的角色：主路由器（Master）和备份路由器（Backup）。在一个 VRRP 备份组中有且只有一台路由器为主路由器，可以有一个或者多个备份路由器。主路由器负责 ARP 响应和转发 IP 数据包，备份路由器处于待命状态。当由于某种原因主路由器发生故障时，备份路由器能在几秒钟的时延后升级为主路由器。由于此切换非常迅速而且不用改变 IP 地址和 MAC 地址，故对终端使用者来说，系统是透明的。只有当这个 VRRP 组中的所有路由器都不能正常工作时，该域中的主机才不能与域外通信。

13.3.2　VRRP 状态

VRRP 路由器在运行时有 3 种状态，分别是 Initialize、Master 和 Backup。

1. 初始状态（Initialize）

系统启动后进入此状态。当收到接口 Startup 的消息将转入 Backup（优先级不为 255 时）或 Master 状态（优先级为 255 时），在此状态时路由器不会对 VRRP 报文做任何处理。

注：真实地址与虚拟地址相同，优先级为 255，否则为默认值 100。

2. 活动状态（Master）

当路由器处于 Master 状态时它将会做下列工作：

- 定期发送 VRRP 多播报文。
- 发送 ARP 报文以使网络内各主机知道虚拟 IP 地址所对应的虚拟 MAC 地址。
- 响应对虚拟 IP 地址的 ARP 请求并且响应的是虚拟 MAC 地址而不是接口的真实 MAC 地址。
- 转发目的 MAC 地址为虚拟 MAC 地址的 IP 报文。
- 接收目的 IP 地址为这个虚拟 IP 地址的 IP 报文。
- 在 Master 状态中只有接收到比自己的优先级大的 VRRP 报文时才会转为 Backup，只有接收到接口的 Shutdown 事件时才会转为 Initialize。

3. 备份状态（Backup）

当路由器处于 Backup 状态时它将会做下列工作：

- 接收 Master 发送的 VRRP 多播报文从中了解 Master 的状态。
- 对虚拟 IP 地址的 ARP 请求不做响应。
- 丢弃目的 MAC 地址为虚拟 MAC 地址的 IP 报文。
- 丢弃目的 IP 地址为虚拟 IP 地址的 IP 报文。

只有当 Backup 接收到 MASTER_DOWN 这个定时器到时的事件时才会转为 Master，而当接收到比自己的优先级小的 VRRP 报文时它只是做丢弃这个报文的处理，从而就不对定时器做重置处理，这样定时器就会在若干次这样的处理之后到时，于是就转为 Master，只有当接收到接口的 Shutdown 事件时才会转为 Initialize。

三种状态的转换如图 13-3 所示。

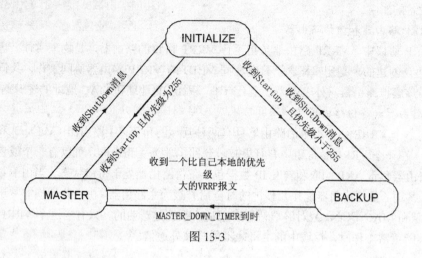

图 13-3

13.4　VRRP 选举

VRRP 协议根据优先级来确定备份组中每台路由器的角色（Master 或 Backup）。VRRP 优先级的取值范围为 0~255（数值越大表明优先级越高），可配置的范围是 1~254，优先级 0 为系统保留给特殊用途来使用，255 则是系统保留给 IP 地址拥有者。当路由器为 IP 地址拥有者时，其优先级始终为 255。因此，当备份组内存在 IP 地址拥有者时，只要其工作正常，则为 Master 路由器；如果不存在 IP 地址拥有者，则优先级最高的将被选举为 Master，其他的路由器则为 Backup。

如图 13-4 所示，VRRP 虚拟路由器 IP 地址为 192.168.1.1，路由器 R1 的接口 IP 地址为 192.168.1.1。所以，路由器 R1 为 IP 拥有者，VRRP 优先级为 255，选举为 Master，R2 为 Backup。

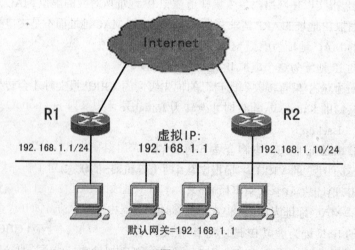

图 13-4

如图 13-5 所示，路由器 R1 和 R2 都不是 IP 拥有者。此时，使用优先级来选举 Master。由于路由器 R2 的优先级（150）高于 R1 的优先级（130），因此，路由器 R2 为 Master，R1 为 Backup。

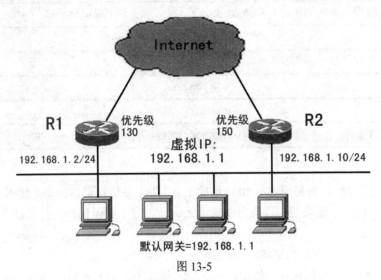

图 13-5

13.5 VRRP 工作方式

VRRP 备份组中的路由器有非抢占和抢占两种工作方式。

（1）非抢占方式

如果备份组中的路由器工作在非抢占方式下，则只要 Master 路由器没有出现故障，Backup 路由器即使随后被配置了更高的优先级也不会成为 Master 路由器。

（2）抢占方式

如果备份组中的路由器工作在抢占方式下，它一旦发现自己的优先级比当前的 Master 路由器的优先级高，就会对外发送 VRRP 通告报文，导致备份组内路由器重新选举 Master 路由器，并最终取代原有的 Master 路由器。相应地，原来的 Master 路由器将会变成 Backup 路由器。

13.6 VRRP 报文及工作流程

1. VRRP 报文

VRRP Master 路由器以组播的方式定时发送 VRRP 报文通告它的存在。这些报文可以用来检测虚拟路由器的各种参数，还可以用于 Master 路由器的选举。VRRPv2 的报文格式如图 13-6 所示。

各字段含义如下：
- Version：协议版本号。VRRPv2 对应的版本号为 2；VRRPv3 对应的版本号为 3。
- Type：VRRP 报文的类型。VRRPv2 报文只有一种类型，即 VRRP 通告报文，该字段取值为 1。
- Virtual Rtr ID（VRID）：虚拟路由器号（即备份组号），取值范围 0～255。
- Priority：路由器在备份组中的优先级，取值范围 0～255，数值越大表明优先级越高。

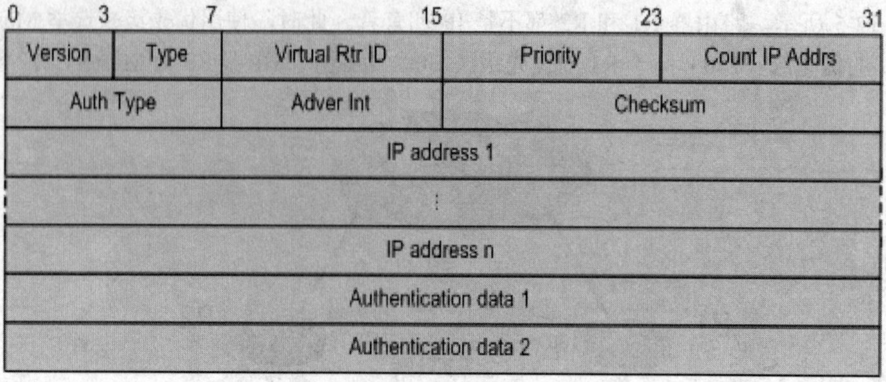

```
 0       3       7              15              23              31
┌────────┬───────┬───────────────┬───────────────┬───────────────┐
│Version │ Type  │ Virtual Rtr ID│   Priority    │ Count IP Addrs│
├────────┴───────┼───────────────┼───────────────┴───────────────┤
│  Auth Type     │   Adver Int   │          Checksum             │
├────────────────┴───────────────┴───────────────────────────────┤
│                        IP address 1                            │
│                             ⋮                                  │
│                        IP address n                            │
│                    Authentication data 1                       │
│                    Authentication data 2                       │
└────────────────────────────────────────────────────────────────┘
```

图 13-6

- Count IP Addrs：备份组虚拟 IP 地址的个数。1 个备份组可对应多个虚拟 IP 地址。
- Auth Type：认证类型。该值为 0 表示无认证，为 1 表示简单字符认证，为 2 表示 MD5 认证。
- Adver Int：发送通告报文的时间间隔。缺省为 1 秒。
- Checksum：16 位校验和，用于检测 VRRP 报文中的数据差错。
- IP Address：备份组虚拟 IP 地址表项。
- Authentication Data：验证字，目前只用于简单字符认证，对于其他认证方式一律填 0。

2. VRRP 工作流程

- 路由器使能 VRRP 功能后，会根据优先级确定自己在备份组中的角色。优先级高的路由器成为 Master 路由器，优先级低的成为 Backup 路由器。Master 路由器定期发送 VRRP 通告报文，通知备份组内的其他路由器自己工作正常；Backup 路由器则启动定时器等待通告报文的到来。
- 在抢占方式下，当 Backup 路由器收到 VRRP 通告报文后，会将自己的优先级与通告报文中的优先级进行比较。如果大于通告报文中的优先级，则成为 Master 路由器；否则将保持 Backup 状态。
- 在非抢占方式下，只要 Master 路由器没有出现故障，备份组中的路由器始终保持 Master 或 Backup 状态，Backup 路由器即使随后被配置了更高的优先级也不会成为 Master 路由器。
- 如果 Backup 路由器在等待了 3 个 VRRP 通告报文时间间隔后仍未收到 Master 路由器发送来的 VRRP 通告报文，则认为 Master 路由器已经无法正常工作。此时 Backup 路由器会认为自己是 Master 路由器，并对外发送 VRRP 通告报文。备份组内的路由器根据优先级重新选举出 Master 路由器，承担报文的转发功能。

13.7 VRRP 接口跟踪

在图 13-7 的拓扑中，路由器 A 和路由器 B 位于分公司，两台路由器分别通过各自的链路连接到总公司，由于路由器 A 具有更高的优先级，所以成为 Master，路由器 B 成为 Backup。如果路由器 A 到总公司的链路出现故障（见图 13-8），分公司的数据就无法传到总公司，因为路由器 A 是主网关，分公司内网的流量都会汇聚到路由器 A。

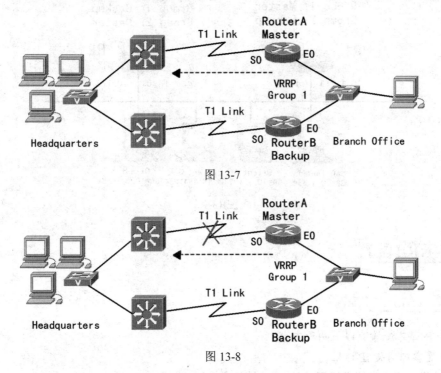

图 13-7

图 13-8

为了解决这种问题，我们可以启用 VRRP 的跟踪机制。接口跟踪使 VRRP 根据路由器接口的状态来调整自身的 VRRP 优先级。当被跟踪接口不可用时，路由器的 VRRP 优先级降低，Master 路由器就降级为 Backup 路由器，路由器 B 就可以升级为 Master 路由器来转发分公司到总公司的流量。

13.8　VRRP 负载均衡

当我们配置好 VRRP 网关备份后，正常的工作方式为处于 Master 状态的路由器转发内网所有用户的数据，处于 Backup 状态的路由器一直监听 Master 路由器的状态，一旦发现 Master 发生故障，立刻接替 Master 路由器的工作，为内网用户转发数据。在图 13-7 的网络环境中，分公司到总公司有两条连接，如果按照 Master 转发，Backup 备份的话，将会有一条线路处于空闲状态，这就带来了资源的浪费。

为了解决资源浪费的问题，我们可以在 VRRP 冗余备份的同时，做 VRRP 的负载均衡。VRRP 负载均衡通过将路由器加入到多个虚拟路由器组，在不同的组中扮演不同的角色来实现。如图 13-9 所示。

图 13-9 中路由器 A 和路由器 B 都加入了 1 号和 2 号备份组，其中路由器 A 在 1 号备份组中担任 Master，在 2 号备份组中担任 Backup，而路由器 B 在 1 号备份组中担任 Backup，在 2 号备份组中担任 Master。内网的主机在设置默认网关时，一半的用户将网关设置为 10.1.1.1，而另一半用户将网关设置为 10.1.1.254。通过这种方式，内网的流量就均匀地分摊到了路由器 A 和路由器 B，在互相做冗余备份的同时也起到了负载均衡的效果。

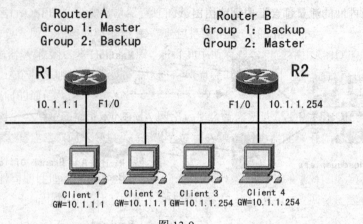

图 13-9

13.9 VRRP 配置

13.9.1 VRRP 基本配置

VRRP 的基本配置有以下两项内容：

1. 配置虚拟网关 IP 地址

在接口模式下，配置虚拟网关的 IP 地址的命令格式如下：

Router(config-if)#vrrp *group* ip *ip-address* secondary

说明：

（1）*group* 表示虚拟路由器的 ID 号（VRID），取值范围为 0～255；

（2）*ip-address* 表示虚拟路由器的 IP 地址；配置的虚拟接口 IP 地址不能与其他 VRRP 组的虚拟 IP 地址相同；

（3）secondary 在需要为该 VRRP 组配置多个虚拟 IP 地址时使用，如果只有一个虚拟 IP 地址，则不使用该项。

2. 配置 VRRP 优先级

配置 VRRP 优先级的命令格式如下：

Router(config-if)#vrrp *group* priority *priority*

说明：

（1）*group* 表示虚拟路由器的 ID 号（VRID），取值范围为 0～255；

（2）*priority* 表示 VRRP 的优先级，范围 1～254，值越大，优先级越高，缺省优先级值为 100；

（3）此命令只代表在该 VRRP 组中的优先级，相同的接口在不同的 VRRP 组中可以配置不同的优先级值；

（4）使用"no vrrp *group* priority"命令可以删除配置的优先级，删除后恢复到默认设置。

我们以图 13-10 为例讨论 VRRP 的基本配置：

第一步：配置虚拟网关 IP 地址

RouterA(config)#interface f0/0

RouterA(config-if)#ip address 10.1.1.1 255.255.255.0
RouterA(config-if)#vrrp 1 ip 10.1.1.3
RouterB(config)#interface f0/0
RouterB(config-if)#ip address 10.1.1.2 255.255.255.0
RouterB(config)#vrrp 1 ip 10.1.1.3

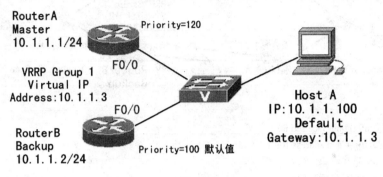

图 13-10

第二步：配置 VRRP 优先级

    RouterA(config-if)#vrrp 1 priority 120
    RouterB(config-if)#vrrp 1 priority 100（由于优先级默认是 100，此配置可以不操作）

13.9.2　VRRP 抢占与跟踪

1. VRRP 抢占

配置 VRRP 路由器工作方式为抢占方式，具体配置命令格式如下：

Router(config-if)#vrrp *group* preempt delay *delay-time*

说明：

（1）其中参数 delay 的取值范围为 1～255 之间，如果不配置 delay 时间，那么其默认值为 0 秒；

（2）*delay-time* 为延迟抢占的时间，即从该路由器发现自己的优先级大于 Master 的优先级开始经过 *delay-time* 这样长的一段时间之后才允许抢占。

2. VRRP 跟踪

如图 13-8 所示，当 Master 路由器 A 连接的上行链路出现故障时，由于备份组无法感知上行链路的故障，将会导致局域网内的主机无法连接总公司网络。为了解决该问题，可以通过跟踪指定接口的功能来实现。当连接上行链路的接口处于 Down 或 Removed 状态时，路由器主动降低自己的 VRRP 优先级，使得备份组内其他路由器的优先级高于这个路由器，并工作在抢占方式，以便优先级最高的路由器成为 Master，承担转发任务。

配置接口跟踪功能的命令格式如下：

Router(config-if)# **vrrp** *group-number* **track** *interface* [*priority-decrement*]

说明：

（1）*Interface*：表示被跟踪的接口；

（2）*Priority-decrement*：表示 VRRP 发现跟踪接口不可用时，所降低的优先级数值，默认为 10。

我们以图 13-11 为例讨论 VRRP 抢占与跟踪：

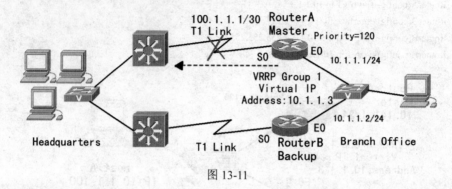

图 13-11

RouterA(config)#interface serial0
RouterA(config-if)#ip address 100.1.1.1 255.255.255.252
RouterA(config-if)#exit
RouterA(config)#interface E0
RouterA(config-if)#ip address 10.1.1.1 255.255.255.0
RouterA(config-if)#vrrp 1 ip 10.1.1.3
RouterA(config-if)#vrrp 1 priority 120
RouterA(config-if)#vrrp 1 track serial0 50
RouterA(config-if)#vrrp 1 preempt

13.9.3 VRRP 负载均衡

我们以图 13-12 为例讨论 VRRP 负载均衡，图中局域网中的用户分为两组，一组的网关设置为路由器 A 的接口地址，另一组的网关设置为路由器 B 的接口地址。同时路由器 A 和路由器 B 做 2 个 VRRP 备份组，路由器 A 在 1 组中做 master，在 2 组中做 backup；路由器 B 在 2 组中做 master，在 1 组中做 backup。通过这种设置，路由器 A 和路由器 B 这 2 个网关就可以分担局域网中的用户流量，实现负载均衡，同时也能做到网关备份。路由器 A 和路由器 B 的具体配置如下：

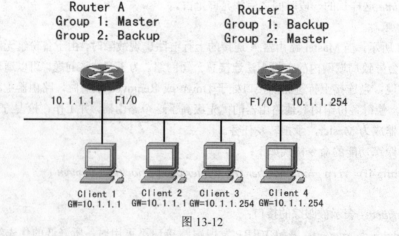

图 13-12

RouterA(config)#interface f1/0
RouterA(config-if)#ip address 10.1.1.1 255.255.255.0

RouterA(config-if)#vrrp 1 ip 10.1.1.1
RouterA(config-if)#vrrp 2 ip 10.1.1.254
RouterB(config)#interface f1/0
RouterB(config-if)#ip address 10.1.1.254 255.255.255.0
RouterB(config-if)#vrrp 1 ip 10.1.1.1
RouterB(config-if)#vrrp 2 ip 10.1.1.254

项目实施

从拓扑图中可以看出，内网采用了双网关单出口的设计，同时要求主机编号 100 以内的主机以路由器 router0 为主网关，以 router1 为备用网关；主机编号 100 以后的主机以路由器 router1 为主网关，以 router0 为备用网关。内部路由可以采用 OSPF，以达到冗余保护的要求。三个路由器的配置如下：

1. 路由器基本及路由配置

（1）路由器 router0 配置

```
router0(config)#
router0(config)#int f0/0
router0(config-if)#no shut
router0(config-if)#ip address 192.168.2.6 255.255.255.252
router0(config-if)#int f1/0
router0(config-if)#no shut
router0(config-if)#ip address 192.168.1.1 255.255.255.0
router0(config-if)#exit
router0(config)#router ospf 1
router0(config-router)#network 192.168.1.1 0.0.0.0 area 0
router0(config-router)#network 192.168.2.6 0.0.0.0 area 0
router0(config-router)#exit
router0(config)#
```

（2）路由器 router1 配置

```
router1(config)#
router1(config-if)#int f0/1
router1(config-if)#no shut
router1(config-if)#ip address 192.168.2.2 255.255.255.252
router1(config-if)#int f1/0
router1(config-if)#no shut
router1(config-if)#ip address 192.168.1.2 255.255.255.0
router1(config-if)#exit
router1(config)#router ospf 1
router1(config-router)#network 192.168.1.2 0.0.0.0 area 0
router1(config-router)#network 192.168.2.2 0.0.0.0 area 0
router1(config-router)#exit
router1(config)#
```

（3）路由器 router2 配置

```
router2#conf t
Enter configuration commands, one per line.  End with CNTL/Z.
```

```
router2(config)#ip route 0.0.0.0 0.0.0.0 202.210.1.1
router2(config)#int f0/0
router2(config-if)#no shut
router2(config-if)#ip address 192.168.2.5 255.255.255.252
router2(config-if)#int f0/1
router2(config-if)#no shut
router2(config-if)#ip address 192.168.2.1 255.255.255.252
router2(config-if)#int f1/0
router2(config-if)#no shut
router2(config-if)#ip address 202.210.1.2 255.255.255.252
router2(config-if)#exit
router2(config)#router ospf 1
router2(config-router)#network 192.168.2.1 0.0.0.0 area 0
router2(config-router)#network 192.168.2.5 0.0.0.0 area 0
router2(config-router)#default-information originate
router2(config-router)#exit
```

2. 路由器 VRRP 网关备份与负载均衡配置

（1）路由器 router0 配置

```
router0(config)#interface FastEthernet 1/0
router0(config-if)#vrrp 1 ip 192.168.1.1
router0(config-if)#vrrp 1 track F0/0 160
```
！配置路由器 router0 在 VRRP 组 1 中监控 F0/0 端口，当端口状态转为 DOWN 时，router0 在 VRRP 组 1 中优先级降低 160
```
router0(config-if)#vrrp 2 ip 192.168.1.2
```
！将路由器 router0 配置为 VRRP 组 2 中的路由器

（2）路由器 router1 配置

```
router1(config)#interface FastEthernet 1/0
router1(config-if)#vrrp 1 ip 192.168.1.1
```
！将路由器 router1 配置为 VRRP 组 1 中的路由器
```
router1(config-if)#vrrp 2 ip 192.168.1.2
router1(config-if)#vrrp 2 track FastEthernet 0/1 160
```

项目十四 基本网络故障排除

14.1 网络故障排除基本方法

1. 故障处理的概念

计算机网络故障处理是一门综合性技术，涉及网络技术的方方面面。故障处理是指网络中的网络设备或者通信线路发生故障后，迅速定位出具体的故障原因并快速恢复业务。

计算机网络经过工程人员的安装和调试后，都能正常稳定地运行。但在网络的使用过程中，由于多方面的原因，比如受外部环境的影响、部分元器件的老化、损坏，维护过程中的误操作等，可能导致设备工作不正常、网络出现不通、性能下降等状态。此时，需要维护人员对网络故障进行正确分析、定位和排除，使系统快速恢复正常。

2. 故障处理的目的

故障处理是管好、用好网络，使网络发挥最大作用的重要技术工作。计算机网络故障处理应该实现三方面的目的：

（1）故障诊断：确定网络的故障点，恢复网络的正常运行。

（2）网络优化：发现网络规划和配置中欠佳之处，改善和优化网络的性能。

（3）日常维护：观察网络的运行状况，及时预测网络通信质量。

3. 故障处理的分类

故障处理是从故障现象出发，以诊断工具为手段获取诊断信息，确定网络故障点，查找问题的根源，排除故障，使网络故障恢复到正常运行状态。网络故障通常分为连通性问题和性能问题两大类。

对于连通性问题，需要关注以下方面：

（1）硬件、媒介、电源故障。

（2）设备配置错误。

（3）不正确的相互作用。

对于性能问题，需要关注以下方面：

（1）网络拥塞。
（2）到目的地不是最佳路由。
（3）供电不足。
（4）路由环路。

4．故障处理的流程

（1）故障处理的基本思想

网络环境越复杂，意味着网络的连通性和性能发生故障的可能性越大，而且引发故障的原因也越发难以确定。同时，由于人们越来越多地依赖网络处理日常的工作和事务，一旦网络故障不能及时修复，其损失可能很大，甚至是灾难性的。

能够正确地维护网络尽量不出现故障，并确保出现故障之后能够迅速、准确地定位问题并排除故障，对网络维护和管理人员来说是一个挑战。这不但要求对网络协议和技术有着深入的理解，更重要的是要建立一个故障处理系统化的思想并成功应用于实际中，以将一个复杂的问题隔离、分解或减缩排除范围，从而及时修复网络故障。

故障处理系统化是合理的一步一步找出故障原因并予以解决的总体原则。它的基本思想是系统地将故障可能的原因所构成的一个大集合减缩（或隔离）成几个小的子集，从而使问题的复杂度迅速下降。

（2）故障处理的一般步骤

一般地，网络维护人员可以根据下面五个步骤来进行网络故障的处理：①尽可能全面收集信息，并分析故障现象；②确定故障的位置，定位故障范围；③故障隔离；④定位并排除故障；⑤验证故障是否被排除。故障处理的一般流程如图 14-1 所示。

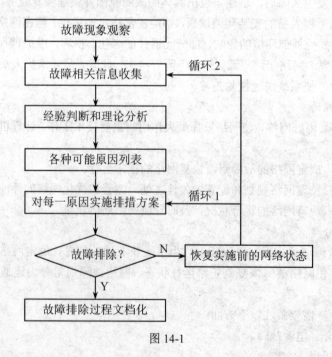

图 14-1

要想对网络故障做出准确的分析，首先应该了解故障表现出来的各种现象。在描述故障现象时应该弄清楚谁出了问题、是什么问题、何时产生的、何处出现的这样四个主要信息。以上问题可以反复提出，直到对整个问题有了准确的了解为止。

根据故障现象描述，使用各种工具收集相关信息。比如 ping、trace、debug、show、网络协议分析、抓包工具、网络管理系统等。

根据以往的故障处理经验和相关技术知识，确定一个故障范围，列出各种可能情况。然后，根据所列出的各种可能原因，制定故障排除计划，分析最有可能的一个原因，确定一次对一个变量进行更改和操作（这样可以重现某一故障的解决办法），并对结果进行分析，判断故障是否已经解决。如果故障得到解决，将故障处理的整个过程进行文档化；如果故障没有被解决，恢复更改的变量，循环进行故障的处理。

当最终排除了网络故障后，最后一步就是对故障排除过程的文档化。文档化过程决不是一个可有可无的工作，因为文档是排错宝贵经验的总结，是"经验判断和理论分析"这一过程中最重要的参考资料；同时文档记录了这次排错中网络参数所做的修改，这也是下一次网络故障应收集的相关信息。故障排除文档主要包括故障现象描述及收集的相关信息；网络拓扑图；网络中使用的设备清单和介质清单；网络中使用的协议清单和应用清单；故障发生的可能原因；对每一可能原因制定的方案和实施结果；本次排错的心得体会；其他（如排错中使用的参考资料列表）等相关信息。

5. 故障诊断常用工具

在实际处理网络故障过程中，需要使用一些网络故障诊断工具，以帮助维护人员尽快进行网络故障定位。

（1）ping 命令

ping 这个词源于声纳定位操作，指来自声纳设备的脉冲信号。ping 命令的思想是源站点向目的站点发出一个 ICMP Echo Request 报文，目的站点收到该报文后回送一个 ICMP Echo Reply 报文，这样就验证了两个节点间 IP 层的可达性——表示了网络层是连通的。

1）路由器的 ping 命令

在路由器上，ping 命令的格式如下：

ping　　<*ip-address*> [option {repeat <*repeat-count*> | size <*datagram-size*> | timeout <*timeout*>]

参数说明：

① <*ip-address*>：要检查主机的 IP 地址，为点分十进制形式；

② <*repeat-count*>：需要重复测试的次数，范围 1～4294967295，缺省为 5 次；

③ size <*datagram-size*>：ping 信息包的大小，范围 36～8192，缺省为 100 字节；

④ <*timeout*>：超时时间（单位：秒），范围 1～60。

例如在路由器上测试到达 168.1.10.100 的连通性时，正常情况下显示信息如下：

　　Router#ping 168.1.10.100
　　sending 5,100-byte ICMP echos to 168.1.10.100,timeout is 2 seconds.
　　!!!!!
　　Success rate is 100 percent(5/5),round-trip min/avg/max= 0/8/20 ms.

2）Windows 平台下的 ping 命令

在 PC 机上或 Windwos NT 为平台的服务器上，ping 命令的格式如下：

ping [-n *number*] [-t] [-l *number*] *ip-address*

参数说明：

① –n：ping 报文的个数，缺省值为 5；

② –t：持续地 ping 直到人为地中断，按 Ctrl+Break 组合键暂时中止 ping 命令并查看当前的结果，而按 Ctrl+C 组合键则中断命令的执行；

③ –l：设置 ping 报文所携带的数据部分的字节数，设置范围从 0～65500。

例：向主机 10.15.50.1 发出 2 个数据部分大小为 3000 字节的 ping 报文。

```
C:\> ping -l 3000 -n 2 10.15.50.1
Pinging 10.15.50.1 with 3000 bytes of data
Reply from 10.15.50.1: bytes=3000 time=321ms TTL=123
Reply from 10.15.50.1: bytes=3000 time=297ms TTL=123
Ping statistics for 10.15.50.1:
Packets: Sent = 2, Received = 2, Lost = 0(0% loss),
Approximate round trip times in milli-seconds:
Minimum = 297ms, Maximum = 321ms, Average = 309ms
```

（2）路由跟踪命令

路由跟踪命令用于显示数据包从源主机传递到目标主机的一组路径信息，以及到达每个节点所需的时间。如果有网络连通性问题，可以使用路由跟踪命令来检查到达的目标 IP 地址的路径并记录结果。如果数据包不能传递到目标，路由跟踪命令将显示成功转发数据包的最后一个路由器。路由跟踪命令用于测试数据报文从发送主机到目的地所经过的网关，主要用于检查网络连接是否可达，以及分析网络什么地方发生了故障。

1）路由器的路由跟踪命令

命令的格式如下：

traceroute <ip-address> [option <source-address> <ttl>]

参数说明：

① <ip-address>表示目标 IP 地址；

② <source-address>表示源地址，为点分十进制形式；

③ <ttl>表示设置 ttl 值，范围 1～255。

例：查看到目的主机 10.15.50.1 中间所经过的网关。

```
Router# trace 10.15.50.1
tracing the route to 10.15.50.1
1    10.110.40.1     14ms    5ms     5ms
2    10.110.0.64     10ms    5ms     5ms
3    10.110.7.254    10ms    5ms     5ms
4    10.3.0.177      175ms   160ms   145ms
5    129.9.181.254   185ms   210ms   260ms
6    10.15.50.1      230ms   185ms   220ms
```

2）Windows 平台的路由跟踪命令

在 PC 机上或 Windows NT 为平台的服务器上，路由跟踪命令 tracert 的格式如下：

tracert [-d] [-m *maximum_hops*] [-j *host-list*] [-w *timeout*] *host*

参数说明：

① –d：不解析主机名；

② –m：指定最大 TTL 大小；

③ –j：设定松散源地址路由列表；

④ –w：用于设置响应报文的超时时间，单位毫秒。

例：查看到目的主机 10.15.50.1 中间所经过的前两个网关。
C:\>tracert -h 2 10.15.50.1
Tracing route to 10.15.50.1 over a maximum of 2 hops:
1 3ms 2ms 2ms 10.110.40.1
2 5ms 3ms 2ms 10.110.0.64
Trace complete.

（3）show 命令

show 命令是用于了解网络设备的当前状况、从总体上监控网络、隔离网络故障的最重要的工具之一。几乎在任何故障处理和监控场合，show 命令都是必不可少的。

1）show version 命令

show version 命令是最基本的命令之一，它用于显示网络设备硬件和软件的基本信息。因为不同的版本有不同的特征，实现的功能也不完全相同，所以，查看硬件和软件的信息是解决问题的重要一步。

2）show running-config 命令

show running-config 用于查看当前的配置信息。

3）show ip interface 命令

show ip interface 显示所有接口物理状态和协议状态的简单信息。

（4）debug 命令

路由器提供大量的 debug 命令，可以帮助用户在网络发生故障时获得路由器中交换的报文和帧的细节信息，这些信息对网络故障的定位是至关重要的。

由于调试信息的输出在 CPU 处理中赋予了很高的优先级，许多形式的 debug 命令会占用大量的 CPU 运行时间，在负荷高的路由器上运行 debug 命令可能引起严重的网络故障（如网络性能迅速下降）。但 debug 命令的输出信息对于定位网络故障又是如此的重要，是维护人员必须使用的工具。因此，使用 debug 命令应注意如下要点：

1）应当使用 debug 命令来查找故障，而不是来监控正常的网络运行。

2）尽量在网络使用的低峰期或网络用户较少时使用，以降低 debug 命令对系统的影响。

3）在没有完全掌握某 debug 命令的工作过程及它提供的信息前，不要轻易使用该 debug 命令。

4）由于 debug 命令在各个输出方向对系统资源的占用情况不同。视网络负荷状况，我们应当在使用方便性和资源耗费小间做出权衡。

5）不要轻易使用 debug all 命令，它将产生大量的输出命令。仅当寻找某些类型的流量或故障并且已将故障原因缩小到一个可能的范围时，才使用某些特定的 debug 命令。

6）在使用 debug 命令获得足够多的信息后，应立即以 no debug 命令终止 debug 命令的执行。

（5）ipconfig 命令

ipconfig 实用程序用于显示当前计算机的 TCP/IP 配置的设置，这些信息一般用来检验人工配置的 TCP/IP 设置是否正确。

但是，如果计算机和所在的局域网使用了动态主机配置协议（DHCP），这个程序所显示的信息也许更加实用。这时，ipconfig 可以了解自己的计算机是否成功地租用到一个 IP 地址，如果租用到则可以了解它目前分配到的是什么地址。了解计算机当前的 IP 地址、子网掩码和缺省网关实际上是进行测试和故障分析的必要项目。ipconfig 常用的命令选项如下：

1）ipconfig。当使用 ipconfig 时不带任何参数选项，那么它为每个已经配置了的接口显示 IP

地址、子网掩码和缺省网关值。

2）ipconfig/all。当使用 all 选项时，ipconfig 能为 DNS 和 WINS 服务器显示它已配置且要使用的附加信息（如 IP 地址等），并且显示内置于本地网卡中的物理地址（MAC）。如果 IP 地址是从 DHCP 服务器租用的，ipconfig 将显示 DHCP 服务器的 IP 地址和租用地址预计失效的日期。

3）ipconfig/release 和 ipconfig/renew。这是两个附加选项，只能在向 DHCP 服务器租用其 IP 地址的计算机上起作用。如果我们输入 ipconfig/release，那么所有接口的租用 IP 地址便重新交付给 DHCP 服务器（归还 IP 地址）。如果我们输入 ipconfig/renew，那么本地计算机便设法与 DHCP 服务器取得联系，并租用一个 IP 地址。请注意，大多数情况下网卡将被重新赋予和以前所赋予的相同的 IP 地址。

图 14-2 是 ipconfig/all 命令输出的信息，该计算机配置成使用 DHCP 服务器动态配置 TCP/IP。

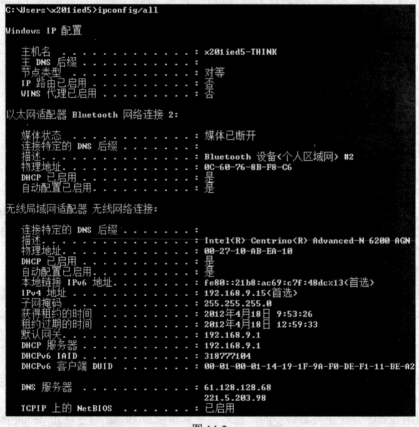

图 14-2

6. 故障处理常用方法

（1）分层故障处理法

过去的十几年，互联网领域的变化是惊人的。但有一件事情没有变化：论述互联网技术的方法都与 OSI 模型有关，即使新的技术与 OSI 模型不一定精确对应，但所有的技术都仍然是分层的。因此，采用一种层次化的网络故障分析方法是非常重要的。

分层故障处理法思想很简单：所有模型都遵循相同的基本前提——当模型的所有低层结构工作正常时，它的高层结构才能正常工作。在确信所有低层结构都正常运行之前，解决高层结构问题完全是浪费时间。

例如：在一个帧中继网络中，由于物理层的不稳定，帧中继连接总是出现反复失去连接的问题，这个问题的直接表象是到达远程端点的路由总是出现间歇性中断。这使得维护工程师第一反应是路由协议出问题了，然后凭借着这个感觉来对路由协议进行大量故障诊断和配置，其结果是可想而知的。如果他能够从 OSI 模型的底层逐步向上来探究原因的话，维护工程师将不会做出这个错误的假设，并能够迅速定位和排除问题。

在故障排除过程中，各层次的主要关注点如下：

1）物理层。物理层负责通过某种介质提供到另一设备的物理连接，包括端点间的二进制流的发送与接收，完成与数据链路层的交互操作等功能。物理层需要关注的是：电缆、连接头、信号电平、编码、时钟和组帧，这些都是导致端口处于关闭状态的因素。

2）数据链路层。数据链路层负责在网络层与物理层之间进行信息传输；规定了介质如何接入和共享；站点如何进行标识；如何根据物理层接收的二进制数据建立帧。

封装的不一致是导致数据链路层故障的最常见原因。当使用 show interface 命令显示端口和协议均为 up 时，我们基本可以认为数据链路层工作正常；而如果端口 up 而协议为 down，那么数据链路层存在故障。链路的利用率也和数据链路层有关，端口和协议是好的，但链路带宽有可能被过度使用，从而引起间歇性的连接失败或网络性能下降。

3）网络层。网络层负责实现数据的分段打包与重组以及差错报告，更重要的是它负责信息通过网络的最佳路径。地址错误和子网掩码错误是引起网络层故障最常见的原因；互联网络中的地址重复是网络故障的另一个可能原因；另外，路由协议是网络层的一部分，也是排错重点关注的内容。

排除网络层故障的基本方法是：沿着从源到目的地的路径查看路由器上的路由表，同时检查那些路由器接口的 IP 地址。通常，如果路由没有在路由表中出现，就应该通过检查来弄清是否已经输入了适当的静态、默认或动态路由，然后，手工配置丢失的路由或排除动态路由协议选择过程的故障以使路由表建立完整。

（2）分段故障处理法

所谓分段的思路，就更好理解了，就是在同一网络分层上，把故障分成几个段落，再逐一排除。分段的中心思想就是缩小网络故障涉及的设备和线路，来更快地判定故障，然后再逐级恢复原有网络。

下面，介绍一个简单的排障实例。一用户来电话，说在局域网上不能上网，首先叫他 ping 外网 DNS 服务器，正常。判断在网络层上是正常的，故障在 IE 和 Windows 本身，然后询问 QQ 上网正常，确定分段在 IE 上，仔细查看 IE 设置，发现设置了代理服务器，询问后知道是用户自己设置后忘记修改了。

（3）替换法

此法是在检查硬件是否存在问题时最常用的方法。当怀疑是网线问题时，更换一根确定是好的网线看故障是否依旧；当怀疑是接口模块有问题时，更换一个其他接口模块看现象是否仍存在。

14.2 案例一：地址不连续规划

14.2.1 案例介绍

某学校的网络拓扑如图 14-3 所示，各网络地址规划如表 14-1 所示。当网络按要求建设好了以后,学生处、校团委和组织部子网反映无法访问院办、教务处和人事处子网,而院办、教务处和人事处也同时在反映无法访问学生处、校团委和组织部子网。

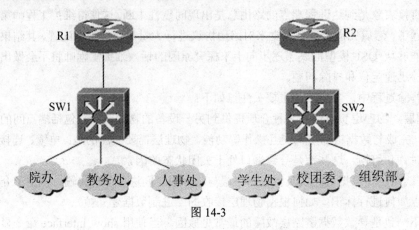

图 14-3

表 14-1

子网名称	子网地址	子网掩码
R1 与 R2 子网	192.168.1.0	255.255.255.0
R1 与 SW1 子网	192.168.2.0	255.255.255.0
R2 与 SW2 子网	192.168.3.0	255.255.255.0
院办子网	10.1.1.0	255.255.255.0
教务处子网	10.1.2.0	255.255.255.0
人事处子网	10.1.3.0	255.255.255.0
学生处子网	10.1.4.0	255.255.255.0
校团委子网	10.1.5.0	255.255.255.0
组织部子网	10.1.6.0	255.255.255.0

14.2.2 故障分析

当管理员收到故障申报时,就着手准备故障排除。首先根据反映的问题,管理员分别在反映问题的子网下使用 ping 命令做了测试,测试的结果如表 14-2 所示。

表 14-2

源子网	目的子网	是否畅通	源子网	目的子网	是否畅通
院办子网	教务处子网	是	学生处子网	校团委子网	是
	人事处子网	是		组织部子网	是
	学生处子网	否		院办子网	否
	校团委子网	否		教务处子网	否
	组织部子网	否		人事处子网	否

续表

源子网	目的子网	是否畅通	源子网	目的子网	是否畅通
教务处子网	院办子网	是	校团委子网	学生处子网	是
	人事处子网	是		组织部子网	是
	学生处子网	否		院办子网	否
	校团委子网	否		教务处子网	否
	组织部子网	否		人事处子网	否
人事处子网	院办子网	是	组织部子网	学生处子网	是
	教务处子网	是		校团委子网	是
	学生处子网	否		院办子网	否
	校团委子网	否		教务处子网	否
	组织部子网	否		人事处子网	否

从测试的结果结合拓扑图分析，判断问题出在路由上，于是管理员登录到了三层交换机 SW1 查看路由表，如图 14-4 所示。

```
sw1#show ip route
Codes: C - connected, S - static, I - IGRP, R - RIP, M - mobile, B - BGP
       D - EIGRP, EX - EIGRP external, O - OSPF, IA - OSPF inter area
       N1 - OSPF NSSA external type 1, N2 - OSPF NSSA external type 2
       E1 - OSPF external type 1, E2 - OSPF external type 2, E - EGP
       i - IS-IS, L1 - IS-IS level-1, L2 - IS-IS level-2, ia - IS-IS inter area
       * - candidate default, U - per-user static route, o - ODR
       P - periodic downloaded static route

Gateway of last resort is not set

     10.0.0.0/24 is subnetted, 3 subnets
C       10.1.1.0 is directly connected, Vlan10
C       10.1.2.0 is directly connected, Vlan20
C       10.1.3.0 is directly connected, Vlan30
R    192.168.1.0/24 [120/1] via 192.168.2.1, 00:00:00, FastEthernet0/1
C    192.168.2.0/24 is directly connected, FastEthernet0/1
R    192.168.3.0/24 [120/2] via 192.168.2.1, 00:00:00, FastEthernet0/1
sw1#
```

图 14-4

从图 14-4 上发现三层交换机 SW1 上没有到学生处、校团委和组织部子网的路由。接着管理员检查了三层交换机 SW2 上的路由表，如图 14-5 所示。

```
sw2#show ip route
Codes: C - connected, S - static, I - IGRP, R - RIP, M - mobile, B - BGP
       D - EIGRP, EX - EIGRP external, O - OSPF, IA - OSPF inter area
       N1 - OSPF NSSA external type 1, N2 - OSPF NSSA external type 2
       E1 - OSPF external type 1, E2 - OSPF external type 2, E - EGP
       i - IS-IS, L1 - IS-IS level-1, L2 - IS-IS level-2, ia - IS-IS inter area
       * - candidate default, U - per-user static route, o - ODR
       P - periodic downloaded static route

Gateway of last resort is not set

     10.0.0.0/24 is subnetted, 3 subnets
C       10.1.4.0 is directly connected, Vlan40
C       10.1.5.0 is directly connected, Vlan50
C       10.1.6.0 is directly connected, Vlan60
R    192.168.1.0/24 [120/1] via 192.168.3.1, 00:00:06, FastEthernet0/1
R    192.168.2.0/24 [120/2] via 192.168.3.1, 00:00:06, FastEthernet0/1
C    192.168.3.0/24 is directly connected, FastEthernet0/1
sw2#
```

图 14-5

相应的问题也发生在三层交换机 SW2 上，从 SW2 的路由表中可以发现没有到院办、教务处和人事处子网的路由。管理员又检查了路由器 R1 和 R2 的路由表，如图 14-6 和图 14-7 所示。

```
r1#show ip route
Codes: C - connected, S - static, I - IGRP, R - RIP, M - mobile, B - BGP
       D - EIGRP, EX - EIGRP external, O - OSPF, IA - OSPF inter area
       N1 - OSPF NSSA external type 1, N2 - OSPF NSSA external type 2
       E1 - OSPF external type 1, E2 - OSPF external type 2, E - EGP
       i - IS-IS, L1 - IS-IS level-1, L2 - IS-IS level-2, ia - IS-IS inter area
       * - candidate default, U - per-user static route, o - ODR
       P - periodic downloaded static route

Gateway of last resort is not set

R    10.0.0.0/8 [120/1] via 192.168.2.2, 00:00:10, FastEthernet0/1
C    192.168.1.0/24 is directly connected, FastEthernet0/0
C    192.168.2.0/24 is directly connected, FastEthernet0/1
R    192.168.3.0/24 [120/1] via 192.168.1.2, 00:00:21, FastEthernet0/0
r1#
```

图 14-6

```
r2#show ip route
Codes: C - connected, S - static, I - IGRP, R - RIP, M - mobile, B - BGP
       D - EIGRP, EX - EIGRP external, O - OSPF, IA - OSPF inter area
       N1 - OSPF NSSA external type 1, N2 - OSPF NSSA external type 2
       E1 - OSPF external type 1, E2 - OSPF external type 2, E - EGP
       i - IS-IS, L1 - IS-IS level-1, L2 - IS-IS level-2, ia - IS-IS inter area
       * - candidate default, U - per-user static route, o - ODR
       P - periodic downloaded static route

Gateway of last resort is not set

R    10.0.0.0/8 [120/1] via 192.168.3.2, 00:00:01, FastEthernet0/1
C    192.168.1.0/24 is directly connected, FastEthernet0/0
R    192.168.2.0/24 [120/1] via 192.168.1.1, 00:00:16, FastEthernet0/0
C    192.168.3.0/24 is directly connected, FastEthernet0/1
r2#
```

图 14-7

从图 14-6 和图 14-7 中，我们可以看到路由器 R1 和 R2 都没有到各子网的明细路由，只有到 10.0.0.0/8 这个主类路由，下一条分别指向 SW1 和 SW2。

为了排除路由问题，管理员分别检查了这 4 个设备的路由配置，分别如图 14-8 至图 14-11 所示。

```
r1#show ip protocol
Routing Protocol is "rip"
Sending updates every 30 seconds, next due in 23 seconds
Invalid after 180 seconds, hold down 180, flushed after 240
Outgoing update filter list for all interfaces is not set
Incoming update filter list for all interfaces is not set
Redistributing: rip
Default version control: send version 1, receive any version
  Interface              Send  Recv  Triggered RIP  Key-chain
  FastEthernet0/1        1     2 1
  FastEthernet0/0        1     2 1
Automatic network summarization is in effect
Maximum path: 4
Routing for Networks:
    192.168.1.0
    192.168.2.0
Passive Interface(s):
Routing Information Sources:
    Gateway         Distance    Last Update
    192.168.2.2     120         00:00:21
    192.168.1.2     120         00:00:05
Distance: (default is 120)
```

图 14-8

```
r2#show ip protocol
Routing Protocol is "rip"
Sending updates every 30 seconds, next due in 4 seconds
Invalid after 180 seconds, hold down 180, flushed after 240
Outgoing update filter list for all interfaces is not set
Incoming update filter list for all interfaces is not set
Redistributing: rip
Default version control: send version 1, receive any version
  Interface         Send  Recv  Triggered RIP  Key-chain
  FastEthernet0/1    1     2 1
  FastEthernet0/0    1     2 1
Automatic network summarization is in effect
Maximum path: 4
Routing for Networks:
    192.168.1.0
    192.168.3.0
Passive Interface(s):
Routing Information Sources:
    Gateway         Distance     Last Update
    192.168.3.2       120        00:00:01
    192.168.1.1       120        00:00:21
Distance: (default is 120)
r2#
```

图 14-9

```
sw1#show ip protocol
Routing Protocol is "rip"
Sending updates every 30 seconds, next due in 23 seconds
Invalid after 180 seconds, hold down 180, flushed after 240
Outgoing update filter list for all interfaces is not set
Incoming update filter list for all interfaces is not set
Redistributing: rip
Default version control: send version 1, receive any version
  Interface         Send  Recv  Triggered RIP  Key-chain
  FastEthernet0/1    1     2 1
  Vlan10             1     2 1
  Vlan20             1     2 1
  Vlan30             1     2 1
Automatic network summarization is in effect
Maximum path: 4
Routing for Networks:
    10.0.0.0
    192.168.2.0
Passive Interface(s):
Routing Information Sources:
    Gateway         Distance     Last Update
    192.168.2.1       120        00:00:16
Distance: (default is 120)
sw1#
```

图 14-10

```
sw2#show ip protocol
Routing Protocol is "rip"
Sending updates every 30 seconds, next due in 15 seconds
Invalid after 180 seconds, hold down 180, flushed after 240
Outgoing update filter list for all interfaces is not set
Incoming update filter list for all interfaces is not set
Redistributing: rip
Default version control: send version 1, receive any version
  Interface         Send  Recv  Triggered RIP  Key-chain
  Vlan40             1     2 1
  Vlan50             1     2 1
  Vlan60             1     2 1
  FastEthernet0/1    1     2 1
Automatic network summarization is in effect
Maximum path: 4
Routing for Networks:
    10.0.0.0
    192.168.3.0
Passive Interface(s):
Routing Information Sources:
    Gateway         Distance     Last Update
    192.168.3.1       120        00:00:05
Distance: (default is 120)
sw2#
```

图 14-11

从 4 个设备的路由配置可以看出 4 个设备都配置的是 RIP 的默认版本，发送第一版的 RIP 更新，接收第一版和第二版的 RIP 更新。由于第一版的 RIP 不支持 VLSM 同时会在主类网络边界发生自动汇总，结合表 14-1 的地址规划，管理员判断问题发生的根本原因是地址规划不连续，再加上 RIP 的默认版本不支持 VLSM 以及自动汇总的问题。

14.2.3 故障排除

弄清楚问题的原因以后，管理员思考了两种解决问题的方法：

（1）由于问题的根本原因是地址规划不连续，所以为了解决根本问题，可以考虑重新做地址规划。

（2）由于重新做地址规划导致的主机地址更改造成的影响面太广，所以考虑在对用户影响最小的情况下解决问题，可以考虑改变路由协议。

通过权衡，管理员确定了解决方案：将 4 个设备的 RIP 改为第二版，同时关闭自动汇总。如图 14-12 至图 14-15 所示。

```
r1(config)#
r1(config)#router rip
r1(config-router)#version 2
r1(config-router)#no auto-summary
r1(config-router)#
```

图 14-12

```
r2(config)#
r2(config)#router rip
r2(config-router)#version 2
r2(config-router)#no auto-summary
r2(config-router)#
```

图 14-13

```
sw1(config)#
sw1(config)#router rip
sw1(config-router)#version 2
sw1(config-router)#no auto-summary
sw1(config-router)#
```

图 14-14

```
sw2(config)#
sw2(config)#router rip
sw2(config-router)#version 2
sw2(config-router)#no auto-summary
sw2(config-router)#
```

图 14-15

通过调整路由以后，管理员查看了 4 个设备的路由表，分别如图 14-16 至图 14-19 所示。

```
r1#
r1#show ip route
Codes: C - connected, S - static, I - IGRP, R - RIP, M - mobile, B - BGP
       D - EIGRP, EX - EIGRP external, O - OSPF, IA - OSPF inter area
       N1 - OSPF NSSA external type 1, N2 - OSPF NSSA external type 2
       E1 - OSPF external type 1, E2 - OSPF external type 2, E - EGP
       i - IS-IS, L1 - IS-IS level-1, L2 - IS-IS level-2, ia - IS-IS inter area
       * - candidate default, U - per-user static route, o - ODR
       P - periodic downloaded static route

Gateway of last resort is not set

     10.0.0.0/8 is variably subnetted, 7 subnets, 2 masks
R       10.0.0.0/8 is possibly down, routing via 192.168.1.2, FastEthernet0/0
R       10.1.1.0/24 [120/1] via 192.168.2.2, 00:00:03, FastEthernet0/1
R       10.1.2.0/24 [120/1] via 192.168.2.2, 00:00:03, FastEthernet0/1
R       10.1.3.0/24 [120/1] via 192.168.2.2, 00:00:03, FastEthernet0/1
R       10.1.4.0/24 [120/2] via 192.168.1.2, 00:00:15, FastEthernet0/0
R       10.1.5.0/24 [120/2] via 192.168.1.2, 00:00:15, FastEthernet0/0
R       10.1.6.0/24 [120/2] via 192.168.1.2, 00:00:15, FastEthernet0/0
C    192.168.1.0/24 is directly connected, FastEthernet0/0
C    192.168.2.0/24 is directly connected, FastEthernet0/1
R    192.168.3.0/24 [120/1] via 192.168.1.2, 00:00:15, FastEthernet0/0
r1#
```

图 14-16

```
r2#
r2#show ip route
Codes: C - connected, S - static, I - IGRP, R - RIP, M - mobile, B - BGP
       D - EIGRP, EX - EIGRP external, O - OSPF, IA - OSPF inter area
       N1 - OSPF NSSA external type 1, N2 - OSPF NSSA external type 2
       E1 - OSPF external type 1, E2 - OSPF external type 2, E - EGP
       i - IS-IS, L1 - IS-IS level-1, L2 - IS-IS level-2, ia - IS-IS inter area
       * - candidate default, U - per-user static route, o - ODR
       P - periodic downloaded static route

Gateway of last resort is not set

     10.0.0.0/8 is variably subnetted, 7 subnets, 2 masks
R       10.0.0.0/8 is possibly down, routing via 192.168.1.1, FastEthernet0/0
R       10.1.1.0/24 [120/2] via 192.168.1.1, 00:00:25, FastEthernet0/0
R       10.1.2.0/24 [120/2] via 192.168.1.1, 00:00:25, FastEthernet0/0
R       10.1.3.0/24 [120/2] via 192.168.1.1, 00:00:25, FastEthernet0/0
R       10.1.4.0/24 [120/1] via 192.168.3.2, 00:00:14, FastEthernet0/1
R       10.1.5.0/24 [120/1] via 192.168.3.2, 00:00:14, FastEthernet0/1
R       10.1.6.0/24 [120/1] via 192.168.3.2, 00:00:14, FastEthernet0/1
C    192.168.1.0/24 is directly connected, FastEthernet0/0
R    192.168.2.0/24 [120/1] via 192.168.1.1, 00:00:25, FastEthernet0/0
C    192.168.3.0/24 is directly connected, FastEthernet0/1
r2#
```

图 14-17

```
sw1#
sw1#show ip route
Codes: C - connected, S - static, I - IGRP, R - RIP, M - mobile, B - BGP
       D - EIGRP, EX - EIGRP external, O - OSPF, IA - OSPF inter area
       N1 - OSPF NSSA external type 1, N2 - OSPF NSSA external type 2
       E1 - OSPF external type 1, E2 - OSPF external type 2, E - EGP
       i - IS-IS, L1 - IS-IS level-1, L2 - IS-IS level-2, ia - IS-IS inter area
       * - candidate default, U - per-user static route, o - ODR
       P - periodic downloaded static route

Gateway of last resort is not set

     10.0.0.0/8 is variably subnetted, 7 subnets, 2 masks
R       10.0.0.0/8 is possibly down, routing via 192.168.2.1, FastEthernet0/1
C       10.1.1.0/24 is directly connected, Vlan10
C       10.1.2.0/24 is directly connected, Vlan20
C       10.1.3.0/24 is directly connected, Vlan30
R       10.1.4.0/24 [120/3] via 192.168.2.1, 00:00:15, FastEthernet0/1
R       10.1.5.0/24 [120/3] via 192.168.2.1, 00:00:15, FastEthernet0/1
R       10.1.6.0/24 [120/3] via 192.168.2.1, 00:00:15, FastEthernet0/1
R    192.168.1.0/24 [120/1] via 192.168.2.1, 00:00:15, FastEthernet0/1
C    192.168.2.0/24 is directly connected, FastEthernet0/1
R    192.168.3.0/24 [120/2] via 192.168.2.1, 00:00:15, FastEthernet0/1
sw1#
```

图 14-18

```
sw2#
sw2#show ip route
Codes: C - connected, S - static, I - IGRP, R - RIP, M - mobile, B - BGP
       D - EIGRP, EX - EIGRP external, O - OSPF, IA - OSPF inter area
       N1 - OSPF NSSA external type 1, N2 - OSPF NSSA external type 2
       E1 - OSPF external type 1, E2 - OSPF external type 2, E - EGP
       i - IS-IS, L1 - IS-IS level-1, L2 - IS-IS level-2, ia - IS-IS inter area
       * - candidate default, U - per-user static route, o - ODR
       P - periodic downloaded static route

Gateway of last resort is not set

     10.0.0.0/8 is variably subnetted, 7 subnets, 2 masks
R       10.0.0.0/8 is possibly down, routing via 192.168.3.1, FastEthernet0/1
R       10.1.1.0/24 [120/3] via 192.168.3.1, 00:00:00, FastEthernet0/1
R       10.1.2.0/24 [120/3] via 192.168.3.1, 00:00:00, FastEthernet0/1
R       10.1.3.0/24 [120/3] via 192.168.3.1, 00:00:00, FastEthernet0/1
C       10.1.4.0/24 is directly connected, Vlan40
C       10.1.5.0/24 is directly connected, Vlan50
C       10.1.6.0/24 is directly connected, Vlan60
R    192.168.1.0/24 [120/1] via 192.168.3.1, 00:00:00, FastEthernet0/1
R    192.168.2.0/24 [120/2] via 192.168.3.1, 00:00:00, FastEthernet0/1
C    192.168.3.0/24 is directly connected, FastEthernet0/1
sw2#
```

图 14-19

从 4 个设备的路由表中可以看出，每个设备都学到网络的完整路由，接着管理员按表 14-2 再做了一次子网间的连通性测试，结果如表 14-3 所示。

表 14-3

源子网	目的子网	是否畅通	源子网	目的子网	是否畅通
院办子网	教务处子网	是	学生处子网	校团委子网	是
	人事处子网	是		组织部子网	是
	学生处子网	是		院办子网	是
	校团委子网	是		教务处子网	是
	组织部子网	是		人事处子网	是
教务处子网	院办子网	是	校团委子网	学生处子网	是
	人事处子网	是		组织部子网	是
	学生处子网	是		院办子网	是
	校团委子网	是		教务处子网	是
	组织部子网	是		人事处子网	是
人事处子网	院办子网	是	组织部子网	学生处子网	是
	教务处子网	是		校团委子网	是
	学生处子网	是		院办子网	是
	校团委子网	是		教务处子网	是
	组织部子网	是		人事处子网	是

从表 14-3 中，我们可以发现所有的子网都可以互联互通，至此网络的故障得到了排除。

14.3 案例二：OSPF 运行帧中继故障

14.3.1 案例介绍

某公司网络拓扑如图 14-20 所示，总公司和 2 个分公司分别在不同的城市，通过租用运营商的帧中继线路将总公司和 2 个分公司的网络连接在一起。帧中继运营商为客户提供了两条 PVC，一条连接总公司到分公司 1，总公司的 DLCI 是 102，分公司 1 的 DLCI 是 201；另一条连接总公司到分公司 2，总公司的 DLCI 是 103，分公司 2 的 DLCI 是 301。地址规划如表 14-4 所示。

表 14-4

位置	网络号	设备	接口	地址
帧中继网络	192.168.1.0/24	路由器 A	S0/0	192.168.1.1
			F0/0	192.168.2.1
总公司	192.168.2.0/24	路由器 B	S0/0	192.168.1.2
分公司 1	192.168.3.0/24		F0/0	192.168.3.1
分公司 2	192.168.4.0/24	路由器 C	S0/0	192.168.1.3
			F0/0	192.168.4.1

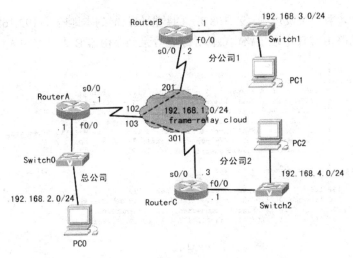

图 14-20

所有路由器都运行 OSPF 来学习路由，所有路由器接口都在 OSPF 的区域 0。

当网络试运行时，2 个分公司的用户反映可以访问总公司，但是不能互相访问。

14.3.2　故障分析

网络管理员收到故障申报后，立即着手检查网络故障。首先，网络管理员从分公司 1 测试了到分公司 2 的连通性，如图 14-21 所示。

```
PC>ping 192.168.4.1

Pinging 192.168.4.1 with 32 bytes of data:

Request timed out.
Request timed out.
Request timed out.
Request timed out.

Ping statistics for 192.168.4.1:
    Packets: Sent = 4, Received = 0, Lost = 4 (100% loss),
```

图 14-21

图 14-21 是在 PC1 上做的 ping 命令，从图中我们发现分公司 1 里的用户的确无法访问分公司 2。为了进一步查清问题，网络管理员在 PC1 上再做了一次到 192.168.4.1 的路由跟踪，如图 14-22 所示。

```
PC>tracert 192.168.4.1

Tracing route to 192.168.4.1 over a maximum of 30 hops:

  1   63 ms     62 ms     47 ms     192.168.3.1
  2   *         *         *         Request timed out.
  3   *         *         *         Request timed out.
  4   *         *         *         Request timed out.
  5   *         *         *         Request timed out.
  6   *         *         *         Request timed out.
  7   *         *         *         Request timed out.
  8   *         *         *         Request timed out.
  9   *         *         *         Request timed out.
 10   *         *         *         Request timed out.
 11   *         *         *         Request timed out.
 12   *         *         *         Request timed out.
 13   *         *         *         Request timed out.
 14   *         *         *         Request timed out.
 15   *         *         *         Request timed out.
 16   *         *         *         Request timed out.
 17   *         *         *         Request timed out.
 18   *         *         *         Request timed out.
 19   *         *         *         Request timed out.
 20   *         *         *         Request timed out.
 21   *         *         *         Request timed out.
 22   *         *         *         Request timed out.
 23   *         *         *         Request timed out.
 24   *         *         *         Request timed out.
 25   *         *         *         Request timed out.
 26   *         *         *         Request timed out.
 27   *         *         *         Request timed out.
 28   *         *         *         Request timed out.
 29   *         *         *         Request timed out.
 30   *         *         *         Request timed out.

Trace complete.
```

图 14-22

从图 14-22 中，管理员发现到 192.168.4.1 的数据包只能到本地网关 192.168.3.1，于是管理员怀疑是分公司 1 的路由器 B 出现了路由故障，于是登录到路由器 B 查看路由表，如图 14-23 所示。

```
RouterB#
RouterB#show ip route
Codes: C - connected, S - static, I - IGRP, R - RIP, M - mobile, B - BGP
       D - EIGRP, EX - EIGRP external, O - OSPF, IA - OSPF inter area
       N1 - OSPF NSSA external type 1, N2 - OSPF NSSA external type 2
       E1 - OSPF external type 1, E2 - OSPF external type 2, E - EGP
       i - IS-IS, L1 - IS-IS level-1, L2 - IS-IS level-2, ia - IS-IS inter area
       * - candidate default, U - per-user static route, o - ODR
       P - periodic downloaded static route

Gateway of last resort is not set

C    192.168.1.0/24 is directly connected, Serial0/0
O    192.168.2.0/24 [110/782] via 192.168.1.1, 00:19:39, Serial0/0
C    192.168.3.0/24 is directly connected, FastEthernet0/0
O    192.168.4.0/24 [110/782] via 192.168.1.3, 00:19:39, Serial0/0
RouterB#
```

图 14-23

从图 14-23 中，管理员发现路由器 B 有到 192.168.4.0/24 的路由，而且路由的下一跳是正确的。网络管理员开始思考从分公司 1 发往分公司 2 的数据包，数据包能正确地到达网关路由器 B，路由器 B 路由表显示的到分公司 2 的路由也是正确的，这个数据包的下一步流程正常应该是上帧中继网络到路由器 A，然后通过路由器 A 的路由再上帧中继网络到路由器 C，最后到达分公司 2。为了弄清楚路由器 B 如何来处理去往分公司 2 的数据包，管理员打开了路由器 B 调试，从调试的信息中管理员看到了路由器 B 在如何处理去往分公司 2 的数据包，如图 14-24 所示。

```
IP: s=192.168.3.2 (FastEthernet0/0), d=192.168.4.1 (Serial0/0), len 128, encapsu
lation failed
```

图 14-24

从图 14-24 可以看出，当路由器 B 收到去往分公司 2 的数据包时，查看路由后发现要上帧中继网络，但是在封装帧中继的时候却出现了失败。

这时网络管理员怀疑可能是数据包上帧中继网络的时候出了问题，于是网络管理员检查了路由器 B 的帧中继映射，如图 14-25 所示。

```
RouterB#
RouterB#show frame-relay map
Serial0/0 (up): ip 192.168.1.1 dlci 201, dynamic, broadcast, CISCO, status defin
ed, active
RouterB#
```

图 14-25

从图 14-25 中，管理员发现路由器 B 没有到 192.168.1.3 的映射，这也就说明了调试输出的信息中显示到分公司 2 的数据包封装失败的原因。

14.3.3 故障排除

弄清楚故障原因后，管理员通过仔细分析拓扑图，发现处于对称位置的路由器 C 也同样没有到分公司 1 路由器 B 的映射，于是管理员分别在路由器 B 和路由器 C 上添加到路由器 C 和路由器 B 的帧中继映射，如图 14-26 和图 14-27 所示。

```
RouterB#
RouterB#conf t
Enter configuration commands, one per line.  End with CNTL/Z.
RouterB(config)#int s0/0
RouterB(config-if)#frame-relay map ip 192.168.1.3 201 broadcast
RouterB(config-if)#
```

图 14-26

```
RouterC#
RouterC#conf t
Enter configuration commands, one per line.  End with CNTL/Z.
RouterC(config)#int s0/0
RouterC(config-if)#frame-relay map ip 192.168.1.2 301 broadcast
RouterC(config-if)#
```

图 14-27

当管理员分别在路由器 B 和路由器 C 上添加了帧中继映射以后，再从分公司 1 测试了到分公司 2 的连通性，如图 14-28 所示。

```
PC>ping 192.168.4.1

Pinging 192.168.4.1 with 32 bytes of data:

Reply from 192.168.4.1: bytes=32 time=156ms TTL=253
Reply from 192.168.4.1: bytes=32 time=187ms TTL=253
Reply from 192.168.4.1: bytes=32 time=188ms TTL=253
Reply from 192.168.4.1: bytes=32 time=187ms TTL=253

Ping statistics for 192.168.4.1:
    Packets: Sent = 4, Received = 4, Lost = 0 (0% loss),
Approximate round trip times in milli-seconds:
    Minimum = 156ms, Maximum = 188ms, Average = 179ms
```

图 14-28

从图 14-28 我们可以知道分公司 1 到分公司 2 的网络连通性问题已经得到解决。

参考文献

[1] 张健辉. 基于工作过程的中小企业网络组建. 北京：清华大学出版社，2010.

[2] 斯桃枝. 路由与交换技术. 北京：北京大学出版社，2008.

[3] 张保通. 网络互连技术——路由、交换与远程访问（第二版）. 北京：中国水利水电出版社，2009.

[4] 梁广民，王隆杰. 思科网络实验室 CCNA 实验指南. 北京：电子工业出版社，2009.

[5] 林勇. 数据通信网络组建与维护. 北京：科学出版社，2012.

[6] 殷玉明. 企业网络组建与维护项目式教程. 北京：电子工业出版社，2010.

[7] 孙秀英. 交换路由技术及应用. 西安：西安电子科技大学出版社，2009.

[8] 冯昊. 交换机/路由器的配置管理. 北京：清华大学出版社，2007.

[9] 贺平. 路由、交换和无线项目实验指导书. 北京：电子工业出版社，2007.

[10] 汪双顶，姚羽. 网络互联技术与实践教程. 北京：清华大学出版社，2009.

[11] 谭方勇，顾才东. 交换与路由技术实用教程. 北京：中国电力出版社，2008.

[12] （美）诺特（Knott,W.O.T.）. 思科网络技术学院教程 CCNA 1 网络基础. 北京：人民邮电出版社，2008.

[13] （美）奥多姆（Odom,W.），（美）麦克唐纳（McDonald,R.）. 思科网络技术学院教程 CCNA 2 路由器与路由基础. 北京：人民邮电出版社，2008.

[14] （美）刘易斯（Lewis,W.）. 思科网络技术学院教程 CCNA 3 交换基础与中级路由. 北京：人民邮电出版社，2008.

[15] （美）里德. 思科网络技术学院教程 CCNA 4 广域网技术. 北京：人民邮电出版社，2008.